Herausgegeben
von der KfW Bankengruppe

Existenzgründung

Herausgegeben
von der KfW Bankengruppe

Existenzgründung

Wie es geht

Wo Sie Unterstützung finden

Von Christine Demmer

Frankfurter Allgemeine Buch

Bibliografische Information der Deutschen Nationalbibliothek
Die Deutsche Nationalbibliothek verzeichnet diese Publikation in der Deutschen Nationalbibliografie; detaillierte bibliografische Daten sind im Internet über http://dnb.d-nb.de abrufbar.

Herausgegeben von der KfW Bankengruppe

Existenzgründung
Wie es geht
Wo Sie Unterstützung finden

Von Christine Demmer

F.A.Z.-Institut für Management-,
Markt- und Medieninformationen GmbH
Frankfurt am Main 2008

ISBN 978-3-89981-179-7

KfW Bankengruppe
Palmengartenstraße 5–9
60325 Frankfurt
Telefon: 069 7431-0
Telefax: 069 7431-2944
infocenter@kfw.de
www.kfw.de

August 2008

Frankfurter Allgemeine Buch

Umschlaggestaltung F.A.Z., Verlagsgrafik
Titelbild Getty Images/Rob Colvin
Satz Innen Nicole Bergmann
Druck Messedruck Leipzig GmbH, Leipzig

Inhalt

Vorwort

Sie wollen sich selbständig machen? Wir gratulieren Ihnen zu Ihrem Entschluss! Wie Sie machen sich jedes Jahr mehr als eine Million Männer und Frauen in Deutschland auf, um als Unternehmer und Unternehmerin ihren Erfolg in die eigenen Hände zu nehmen. Ob hauptberuflich oder zunächst im Nebenerwerb, spielt dabei die geringere Rolle. Viel wichtiger ist ihr *(Ihr!)* Selbstvertrauen und ihr *(Ihr!)* Mut, aktiv die wirtschaftliche Zukunft zu gestalten und ein großes Stück mehr Verantwortung für sich zu übernehmen. Diese Eigenschaften schütteln die wenigsten aus dem Handgelenk.

Jeder künftige Unternehmer geht anders an das Abenteuer Existenzgründung heran. Manche Chefs und Chefinnen in spe wägen diesen Schritt jahrelang in Gedanken hin und her, bevor sie ihn in die Tat umsetzen. Andere besprechen ihre Geschäftsidee mit der Familie, mit Freunden und Bekannten, und lassen sich spontan von deren und ihrer eigenen Begeisterung vorantreiben. Die meisten aber suchen und finden einen vernünftigen Mittelweg zwischen glühender Leidenschaft und kühler Kalkulation. Denn ob Sie es mögen oder nicht – rechnen müssen Sie als Unternehmer immer und mit allem.

Den Mutigen gehört zwar die Welt, sagt der Volksmund, aber die Erfahrung gibt ihm nur bedingt Recht. Eine Existenzgründung, die Ihnen eine Zukunft bieten soll, verlangt Startkapital, sorgfältige Planung und jeden guten Rat, den sie bekommen kann. All das können Sie von der KfW Mittelstandsbank erwarten: Kapital, mit dem Sie Ihre Geschäftsidee in eine funktionierende Firma verwandeln, und Hilfe bei der Vorbereitung und Durchführung Ihrer Gründung und sogar später im laufenden Betrieb. Außerdem halten Sie mit diesem Buch Ihr persönliches Startpaket für die Gründung Ihrer Firma in der Hand. Fast schon die halbe Miete, sozusagen.

Doch vergessen Sie nicht: Für das Wichtigste, nämlich eine tragfähige Geschäftsidee, die Sie engagiert im Markt verfechten, sind Sie allein zuständig. In Ihrem Beruf sind Sie der Profi, da reden wir Ihnen nicht hinein. Bei allem anderen können Sie auf unsere Unterstützung zählen. Da reden wir Ihnen sogar gerne hinein. Denn wir wollen ebenso wie Sie, dass Ihre neue Existenz als Unternehmer von Anfang an auf sicheren Füßen steht.

Die wenigsten Gründer zielen vom Start weg auf den ganz großen Reibach. Das machen sie instinktiv richtig, denn gerade am Anfang muss ein Teil des erwirtschafteten Geldes in der Firma bleiben, um den Boden für gute Geschäfte zu düngen. Nur kostet das Kapital, mit dem Sie, eine Bank oder ein privater Geldgeber die junge Firma ausstatten, Zinsen. Die muss das Unternehmen, zusätzlich zu Ihrem Lebensunterhalt, erwirtschaften. Ebenso Steuern, Abgaben, Gebühren, Investitionsansparungen für gute und Rücklagen für schlechte Zeiten. Das dürfen Sie als Chef oder Chefin selbst im größten Stress nie vergessen. Unternehmer werden ist nicht schwer. Aber wenn Sie ein erfolgreicher Unternehmer oder eine strahlende Unternehmerin werden und bleiben wollen, müssen Sie weit über den Tag hinaus schauen und erspähen, ob sich hinter dem Horizont Schönwetterwölkchen abzeichnen oder ob ein Gewitter heraufzieht.

Eine gute Geschäftsidee ist ein hervorragendes Fundament für eine Existenzgründung. Die tragenden Mauern des Erfolges aber bilden vorausschauende Planung, vernünftiges Handeln und eine realistische Einschätzung des Marktes. Das betrifft zum Beispiel den Businessplan und die Strategie, die Geldbeschaffung und die Geschäftsankurbelung, die Abgaben an Vater Staat und der Umgang mit Personal, Vorsorge und Risikoabsicherung. Über all das erhalten Sie Informationen in diesem Buch. Manches, das werden Sie sehen, ist viel leichter, als Sie es sich jetzt womöglich ausmalen. Anderes wird Sie ins Grübeln bringen: Kann ich das? Will ich das? Schaffe ich das? Wo kann ich mir Hilfe holen? Und was kostet das am Ende? Wenn Sie sich diese Fragen stellen, denken Sie wie ein Unternehmer.

Eines noch. Eine neue Firma nur deshalb zu gründen, um nicht mehr angestellt zu sein, ist keine sehr schlaue Idee. Klar, jeder Existenzgründer will etwas hinter sich lassen: Perspektivlosigkeit, Untätigkeit, Enttäuschung. Diese Motive mögen stark sein. Aber sie beantworten nicht die Frage, ob Sie von einer selbständigen Arbeit leben können. Was immer auch Sie hinter sich haben – Sie müssen auch etwas vor sich haben: ein klares Ziel. In diesem Sinne: Zeigen Sie's allen. Aber noch wichtiger: Zeigen Sie's sich.

1 Alle sagen: „Mach's doch." Aber wie? Von der Geschäftsidee zum Businessplan

- Frust oder Lust?
- Am Anfang ist die Idee
- Von der Idee zum Konzept
- Butter bei die Fische: Der Businessplan

Wenn ein Reiter zum Sprung über den Wassergraben ansetzt, wirft er sein Herz gedanklich voraus. In Bruchteilen von Sekunden malt er sich aus, wie er auf dem Rücken seines Pferdes über das Hindernis hinweg fliegt und auf der anderen Seite wieder sicheren Tritt fasst. Die Kraft dieser Vorstellung ist nicht zu unterschätzen. Dennoch: Ohne punktgenaues Timing, die richtige Technik und einen versierten Trainer wird sich auch der glühendste Selbstmotivator nichts als blaue Flecken holen.

Sinngemäß gilt für Existenzgründer das Gleiche. Jede noch so verheißungsvolle Geschäftsidee wird kläglich scheitern, wenn das zukünftige Unternehmen nicht von vornherein sorgfältig durchdacht, von A bis Z ausgetüftelt und strikt nach Plan durchgeführt wird. Was Sie über Timing und Technik wissen müssen, finden Sie auf den folgenden Seiten. Und Ihr Training beginnt ... *jetzt.*

Frust oder Lust?

Stellen wir doch gleich mal die Gretchenfrage: Warum wollen Sie eigentlich selbständig werden? Denken Sie ruhig einen Moment über die Antwort nach. Sie ist wichtig, sehr wichtig sogar.

Denn es macht einen himmelweiten Unterschied, ob Sie die Schultern zucken und sagen: „Ich weiß sonst nichts anderes" oder ob Sie selbstsicher antworten: „Weil ich eine gute Idee habe, von der ich überzeugt bin und die ich nur mit einem eigenen Unternehmen verwirklichen kann." Wer lediglich aus dem Gefühl einer momentanen Ausweglosigkeit heraus nach etwas Neuem Ausschau hält, bleibt über lange Zeit an seine zurückliegende Enttäuschung gefesselt. Bei jedem Auftrag, der ins Wasser fällt, bei jeder Panne und bei jedem Rückschlag kommen nagende Zweifel hoch: War es früher nicht doch besser? Wäre es nicht doch irgendwie gegangen? Warum hab' ich mir das angetan?

Not und Frustration sind schlechte Ratgeber. Sie gaukeln uns Perspektiven vor, die in Wahrheit gleich Null sind, sie übertönen die warnende Stimme der Vernunft und verdrängen den Zweifel. Gründer und Gründerinnen aber, die auch in vielen Jahren noch von der Leistung ihres Kopfes und ihrer Hände leben möchten, müssen beides realistisch beurteilen: die Chancen *und* die Risiken ihrer Gründung. Hören Sie deshalb genau in sich hinein und prüfen Sie sich selbst mindestens so gründlich wie das, womit Sie künftig Ihr Geld verdienen wollen. Um eine Firma zu gründen, reichen – formal gesehen – ein halbwegs gefülltes Sparbuch und ein paar Unterschriften aus. Doch wenn Sie sich eine langfristig sichere Existenz schaffen wollen, in der Sie glücklich sind, ruhig schlafen können und die Sie nicht mit Ihrem *Schicksal* hadern lässt, dann brauchen Sie mehr: ein klares *Ziel* vor Augen, eine Idee, die Sie antreibt, einen *Plan*, der Sie leitet, und den unumstößlichen *Willen*, an Ihr Ziel zu gelangen.

Haben Sie das Zeug zum Unternehmer?

Je öfter Sie bei folgenden Fragen mit „Ja" antworten können, desto größer sind Ihre Erfolgsaussichten:

- Wollen Sie nicht aus einer unbefriedigenden Arbeitssituation fliehen, sondern sind ganz sicher, dass die berufliche Selbständigkeit das Richtige für Sie ist?
- Sind Sie ein Realist? Können Sie Chancen und Risiken nüchtern und rational abschätzen?
- Haben Sie Ihre Geschäftsidee auf Herz und Nieren überprüft und sind von ihrem Erfolg überzeugt?
- Verfügen Sie über eine finanzielle Reserve, um das erste halbe Jahr auch ohne Einnahmen zu überstehen?

- Bringen Sie das für Ihr Vorhaben nötige Wissen, Können und ausreichend Erfahrung mit?
- Sind Sie bereit, vor allem in den ersten Jahren hart und mehr als andere Menschen zu arbeiten?
- Können Sie konstruktive Kritik vertragen und nehmen Sie Rat von anderen Menschen an?
- Können Sie langfristig planen und kaufmännisch denken?
- Stehen Sie Belastungen und zeitweilige Entbehrungen durch?
- Können Sie sich darauf verlassen, dass Ihre Familie hundertprozentig hinter Ihnen steht?

Am Anfang ist die Idee

Die wenigsten Gründer verdanken ihren Erfolg einer nächtlichen Eingebung oder einem spontanen Geistesblitz beim Spargelstechen. Häufig entdecken sie bei ihrer Arbeit eine Marktnische, die offenbar niemand zuvor entdeckt hat. Oder sie kopieren schlicht eine Geschäftsidee, die sie im Ausland, im Urlaub, in einem ganz anderen Wirtschaftszweig gesehen haben und die dem Anschein nach gut läuft. Manchmal hören oder lesen sie von einer technischen Erfindung und entwickeln im Hinterkopf eine Vorstellung, was der Markt damit anfangen könnte. Im Laufe der Zeit wenden sie dann die Idee hin und her, recherchieren im Internet, besorgen sich Bücher und Zeitschriften, diskutieren mit Freunden und Kollegen und informieren sich auf Fachmessen über das bestehende Angebot. Das ist der richtige Weg! Denn nur auf diese grundsolide Weise gewinnt eine Idee Konturen und kann zu einem Plan reifen. Oder löst sich in Luft auf. Wenn nämlich bei realistischer Begutachtung anzunehmen ist, dass kaum ein Kunde dafür zu zahlen bereit sein wird, dass ein anderer Unternehmer damit zuvor gekommen ist, dass der Trend schon wieder abflaut oder dass die Vermarktung der Idee einen zu hohen Kapitaleinsatz verlangt.

Das soll Sie um Gottes willen nicht entmutigen. Niemand wacht gern aus einem schönen Traum auf. Aber besser, es platzt eine Illusion als ein Geschäft.

Das bringt Sie auf Ideen

- Halten Sie Ausschau nach einer unerschlossenen Marktnische
- Spezialisieren Sie sich auf ein kleines, aber ökonomisch interessantes Marktsegment
- Bieten Sie die außergewöhnliche, die originelle, die umfassende, die besonders preisgünstige Dienstleistung
- Kopieren oder variieren Sie erfolgreiche Konzepte (im Rahmen der Gesetze)
- Verwandeln Sie technische Neuentwicklungen in marktgängige Produkte und Services
- Achten Sie auf Trends (die länger als einen Monat anhalten)

Machen Sie die Gegenprobe

Aha. Ein Gedanke hat bei Ihnen gezündet und lässt Sie nicht mehr los. Mit dieser Dienstleistung, mit diesem Erzeugnis, in jener Handwerksnische müsste sich doch Geld verdienen lassen ... warum auch nicht? Genau. Mit der Frage „Warum nicht?" können und sollten Sie Ihre Geschäftsidee in ein erbarmungsloses Kreuzverhör nehmen. Was dafür spricht, glauben Sie zu wissen. Jetzt überlegen Sie, was gegen Ihr Vorhaben spricht. Reden Sie darüber mit Freunden oder Kollegen, auf deren Sachverstand Sie ebenso vertrauen wie auf ihre Diskretion. Jeder sachliche Einwand, jedes vernünftige Gegenargument, sogar düstere Schwarzmalerei sei Ihnen willkommen. Inspizieren Sie Ihre Gründungsidee von Kopf bis Fuß und noch einmal zurück.

Seien Sie kritisch, auch sich selbst und Ihrer Eignung zum Unternehmer gegenüber

- Wird irgendjemand für das, was Sie anbieten wollen, wirklich Geld bezahlen? Wer könnte, wer wird das sein?
- Was spricht dafür, dass Ihr Markt binnen kurzem zusammenbrechen könnte?

- Angenommen, Ihr Gewinn liegt am unteren Rand Ihrer Erwartungen: Können Sie und Ihre Familie davon leben? Wie lange? Worauf müssten Sie verzichten? Wollen, können Sie das?
- Wurde Ihre Idee schon einmal in die Tat umgesetzt? Top oder Flop?
- Was machen Sie, falls alles schief geht? Haben Sie einen Reserveplan, eine Rückversicherung, einen Fallschirm?

Denken Sie voraus

Höchstwahrscheinlich ziehen Sie jetzt die Stirn kraus: „Kommt gar nicht in Frage. Ich lasse mir meine schöne Idee doch nicht kaputt reden." Nun gut, das können Sie natürlich auch dem Markt überlassen. Aber wollen Sie wirklich so lange abwarten, bis er das Urteil über Sie spricht? Das kann dauern, und bis es soweit ist, haben Sie unter Umständen sehr viel Zeit und Geld investiert. Genau das fehlt Ihnen später, falls Sie umsteuern müssen. Deshalb warten Sie lieber nicht auf die Entscheidung des Marktes, sondern versuchen Sie, diese vorherzusehen. Wenn Sie sich in die Zukunft hineindenken und plausible Annahmen darüber treffen, was geschehen *könnte* (es muss ja nicht so kommen), dann erwarten Sie mit Sicherheit weniger Enttäuschungen. Und schließlich ist das keine Mammutaufgabe. Sie sollten nur über drei Szenarien nachdenken: Wie könnte das Geschäft im besten Fall laufen, wie im schlimmsten Fall und wie im wahrscheinlichen Fall? Ein Trost, um Sie wieder aufzubauen: Meist werden Sie sich in der „goldenen Mitte" wiederfinden.

Ideenmangel? Wie wär's mit Franchising!

Wenn Sie der Wunsch nach Selbständigkeit nicht mehr loslässt, Ihnen aber just der Vorrat an glänzenden Geschäftsideen ausgegangen ist, dann könnten Sie ein Kandidat für das Franchising sein. In Deutschland haben Sie die Wahl unter weit mehr als 1.000 Unternehmen, die Sie an einer bereits eingeführten Geschäftsidee teilhaben lassen. Viele nützliche Informationen finden Sie im Internet bei den verschiedenen Anbietern von Franchise-Systemen.

Beim Franchising verkauft ein „Franchise-Geber" wie McDonalds, Alltours oder Apollo-Optik den Namen, das Unternehmenskonzept und das

Marketing für ein Produkt, eine Dienstleistung oder eine Technik an den „Franchise-Nehmer“, also zum Beispiel an Sie. Gegen den Nachweis Ihrer fachlichen Befähigung und ein Startkapital zwischen 3.000 Euro (bei einem Schlüsseldienst) und mehr als 100.000 Euro (bei der Baumarkt-Kette Obi) sowie eine umsatzabhängige Gebühr räumt Ihnen der Ideengeber das Recht ein, seine Waren und Dienstleistungen in einer bestimmten Region zu verkaufen. Es ist für Franchise-Nehmer zwar leichter, auf der Markterfahrung des Partners aufzubauen, eine Erfolgsgarantie ist das aber nicht. Ein Muss-Kriterium sind deshalb auch hier kaufmännische Grundkenntnisse.

Haben Sie Anspruch auf Förderung?

Erkundigen Sie sich vor Abschluss eines Franchise-Vertrages, ob Sie Ihre Existenzgründung öffentlich fördern lassen können. Zum Beispiel im Infocenter der KfW Mittelstandsbank unter der Telefonnummer 0180 1 241124. (3,9 Cent/Minute aus dem Festnetz der Deutschen Telekom, Preise aus Mobilfunknetzen können abweichen.)

Kobra, übernehmen Sie!

Während sich Neugründungen erst noch den Markt erobern müssen, haben etablierte Unternehmen ihren Platz bereits gefunden. Hunderte, wenn nicht Tausende stehen ganz oder teilweise zum Verkauf – eines davon vielleicht an Sie? Allerdings sind bei Firmenübernahmen und -beteiligungen die Investitionssummen meist erheblich höher als bei Neugründungen.

Unterhalten Sie sich ausführlich mit dem Noch-Eigentümer, der das Unternehmen meistens auch gegründet hat. Mit ihm klären Sie:

- Wie hat sich der Markt in der Vergangenheit entwickelt?
- Welche Wettbewerber sind in der jüngsten Zeit neu auf den Markt getreten?
- Aus welchen Gründen sind Wettbewerber gescheitert?
- Stehen der Branche oder in der Region wichtige Veränderungen bevor?

Danach sollten Sie selbst weitere Recherchen über die Branche und das wirtschaftliche Geschehen in der Region anstellen. Die Industrie- und Handelskammern und die Handwerkskammern sind Ihnen dabei sicher gerne behilflich.

Nicht immer ganz einfach verlaufen die Verhandlungen mit abgabebereiten Unternehmern, die einst selbst gegründet haben. Häufig lehnen sie Veränderungen im Betrieb kategorisch ab, selbst wenn sie wissen, dass sie mit dem Verkauf jeglichen Einfluss verlieren. Auch beim Kaufpreis stoßen Verkäufer und Kaufinteressent oft aufeinander. Erfahrungsgemäß versuchen Unternehmer, einen möglichst hohen Preis auszuhandeln, da sie den Erlös als ihre verdiente Altersversorgung betrachten. Für die vertrauten Mitarbeiter hätten sie am liebsten Beschäftigungsgarantien. Und in manche Geschäftsunterlagen möchten sie ihren Nachfolger am liebsten gar nicht hineinschauen lassen. Es geht schließlich um „ihr Baby“!

Lassen Sie sich kein X für ein U vormachen

Sie als möglicher Erwerber hingegen benötigen einen möglichst tiefen Einblick in die Bücher und in das betriebliche Geschehen, um beurteilen zu können, wie viel Kapital Ihnen die Übernahme oder Beteiligung wert ist. Das wird auch die Bank von Ihnen verlangen. Bitten Sie den Verkäufer um die Geschäftsunterlagen der letzten drei bis fünf Jahre und arbeiten Sie diese mit Hilfe eines versierten Steuer- oder Unternehmensberaters durch. Wenn Sie sich einige Monate vor Ihrem Einstieg in die Firma einarbeiten können, verschaffen Sie sich einen noch besseren Überblick. Denn die größten Schwächen bei Betriebsübernahmen sind Informationsdefizite und mangelnde Vorbereitung. Nach der Übernahme sollten Sie mit dem ausgeschiedenen Inhaber in Kontakt bleiben, damit Sie ihn bei Bedarf um Rat fragen können. Er kennt die Kunden, Lieferanten und Mitarbeiter und kann Ihnen dank seiner Branchenkontakte manche Tür öffnen, an die Sie sonst vergeblich klopfen würden.

„nexxt“: Initiative Unternehmensnachfolge

Unter der Dachmarke „nexxt“ haben das Bundeswirtschaftsministerium, die KfW Mittelstandsbank und Vertreter von Verbänden, Institutionen und Organisationen der Wirtschaft, des Kreditwesens und der Freien Berufe ein Internetportal für alle Unternehmerinnen und

Unternehmer errichtet, die Betriebe übergeben oder übernehmen wollen. Zahlreiche weitere Informationen finden Sie unter www.nexxt.org bzw. die Unternehmensbörse direkt unter www.nexxt-change.org.

Von der Idee zum Konzept

Hat Ihre Geschäftsidee diese Feuertaufe überstanden und sich als widerstandsfähig erwiesen? Hat sie sich vielleicht so erhärtet, dass Sie mehr denn je von ihr überzeugt sind? Wunderbar! Denn dann können Sie mit der Planung loslegen. Darin werfen Sie einen noch genaueren Blick auf Ihren Markt und entscheiden, in welcher Rechtsform, mit welcher Mannschaftsstärke und wann Sie an den Start gehen wollen.

Als erstes nehmen Sie den Bedarf und das Kaufverhalten Ihrer zukünftigen Kunden sowie das aktuelle Angebot Ihrer Wettbewerber und möglicher Lieferanten gründlich unter die Lupe. Tragen Sie aus unterschiedlichen Quellen so viele Informationen wie möglich zusammen:

- Bücher, Fachzeitschriften, Tages- und Wochenzeitungen, Rundfunk und Fernsehen.
- Gespräche mit Kollegen, möglichen Lieferanten und Partnern.
- Marktstudien von Marktforschungsunternehmen, Fachverbänden, IHK und Handwerkskammer.
- Bei der Schufa (www.schufa.de) erfahren Sie einiges über das aktuelle Zahlungsverhalten der Deutschen.
- Internet (denken Sie an www.unternehmensregister.de, das amtliche Verzeichnis aller eingetragenen Unternehmen in Deutschland).
- Nehmen Sie sich unbedingt Zeit für einen Besuch im Gründerzentrum der KfW Mittelstandsbank (www.kfw-mittelstandsbank.de). Hier ist jede Viertelstunde bares Geld wert!

Noch Fragen?

Angehenden Unternehmensgründern und jungen Unternehmen steht das Infocenter der KfW Mittelstandsbank zur Verfügung. Das Beraterteam beantwortet alle Fragen zu Förderprogrammen und Serviceleistungen von Montag bis Freitag von 7:30 bis 18:30 Uhr unter der kostengünstigen Servicerufnummer 0180 1 241124. (3,9 Cent/Minute aus dem Festnetz der Deutschen Telekom, Preise aus Mobilfunknetzen können abweichen.)

Viele Wege führen nach Rom. Allein reisen oder in Gesellschaft?

Drei Viertel aller angehenden Unternehmer, das geht aus dem Gründungsmonitor 2007 der KfW Mittelstandsbank hervor, haben beim Start weder einen Mitarbeiter noch einen Kompagnon an Bord. Die meisten Gründer verzichten anfangs auf Personal, a) um die Kosten überschaubar zu halten, und b) weil sie glauben, zumindest vorerst mit ihren eigenen Fähigkeiten und Talenten auskommen zu können. Aus streng wirtschaftlicher Sicht haben beide Argumente Hand und Fuß. Aber denken Sie bitte nach links und nach rechts und quer und um die Ecke herum. Gegenüber der Mannschaftsaufstellung hat der Einzelkampf nämlich auch Nachteile.

Als Unternehmer, Vertriebschef, Mitarbeiter und Lehrling in einer Person redet Ihnen zwar niemand ins Geschäft, dafür haben Sie aber auch eine Multi-Management-Aufgabe zu bewältigen: Planung, Wareneinkauf, Organisation, Buchhaltung, Vertrieb. Sie entscheiden alles allein, aber Sie verantworten auch alles allein. Nichts geschieht in Ihrem Unternehmen, wenn Sie es nicht geschehen lassen. Niemand macht etwas, wenn Sie es nicht machen. Falls Sie wegen Krankheit ausfallen, bleibt der Laden zu, die Arbeit liegen und die Kasse leer. Können Sie sich tatsächlich auf Ihre Fitness und robuste Gesundheit verlassen? Oder gehören Sie zu den Menschen, die sich aus Sorge vor einem Verlust trotz hohen Fiebers ins Geschäft schleppen und deshalb irgendwann auszubrennen drohen?

Überdies ist es längst nicht jedermanns Sache, ohne den sozialen Austausch mit Kollegen vor sich hin zu werkeln. „Aber ich komme doch unter Menschen“, wenden Sie ein. Ja, aber das sind Kunden-Menschen,

Lieferanten-Menschen, Behörden-Menschen. Mit denen verbindet Sie eine reine Geschäftsbeziehung. Einen fachlichen Rat, einen geldwerten Beschaffungstipp, einen Verbesserungsvorschlag, eine gut gemeinte Kritik oder ein persönliches Wort dürfen Sie kaum erwarten. Und die Schulter, an der Sie sich unter bösen Umständen vielleicht auch einmal anlehnen wollen, müssen Sie sich im Privatleben suchen.

Einmal im Monat zum „Business Lunch"!

Der regelmäßige Kontakt mit anderen Einzelunternehmern hilft gegen Vereinsamung und bewahrt Sie vor dem „Schmoren im eigenen Saft". Erkundigen Sie sich bei der Wirtschaftsförderungsstelle Ihrer IHK oder Handwerkskammer nach organisierten Treffen. Oder erwägen Sie den Eintritt in eine Büro- oder Fertigungsgemeinschaft.

Im Team: **Toll, ein anderer macht's!**

Eine Geschäftsidee im Team zu verfolgen und umzusetzen, hat eine Menge Vorteile: Im Verbund mit anderen stellen Sie mehr Kreativität, Kompetenz und Kapital auf die Beine. Im Notfall springt einer für den anderen ein. Und Sie können sich die Arbeit teilen. Dafür müssen Sie allerdings auch den Gewinn teilen.

Eine Gemeinschaftsgründung mit zwei oder mehr gleichberechtigten Partnern kann hervorragend funktionieren – sie kann allerdings auch schon bei der ersten Erschütterung gründlich an die Wand fahren. Die häufigsten Konfliktfelder in Teams sind unklare Aufgabenverteilung, Uneinigkeit bei der Strategie, Kompetenzgerangel und mangelnde Kommunikation. Legen Sie bei der Wahl Ihrer Gründungspartner deshalb fast so hohe Maßstäbe wie an Ihren Lebenspartner an. Teilt Ihr Kompagnon Ihre Ziele und Vorstellungen darüber, was Sie tun und wie Sie die Firma führen wollen? Ergänzen sich Ihre individuellen Fähigkeiten und Eigenschaften zu einem unschlagbaren Duo, Terzett oder Quartett? Haben Sie verbindliche Absprachen getroffen, wer wofür zuständig sein soll? Und das Wichtigste: Können Sie nicht nur fachlich, sondern auch menschlich miteinander?

Häuptling mit oder ohne Indianer?

Sie dürfen es gerne zugeben: Insgeheim träumen Sie ja davon, dass Ihr neues Unternehmen vom Start weg prächtig floriert. Dass daraus bis zur übernächsten Bundestagswahl an die hundert Arbeitsplätze geworden sind, dass Ihre Familie schrecklich stolz auf Sie ist und dass Sie dann ehrenamtlich den Unternehmernachwuchs im örtlichen Wirtschaftsklub betreuen. Wir gönnen es Ihnen von Herzen. Aber denken Sie an Bill Gates: Wie viele Arbeitsverträge hat der spätere Gründer von Microsoft 1971 für sein erstes Unternehmen, die Firma Traf-O-Data, ausgefertigt? Keinen einzigen. Mit von der Partie war nur sein Schulfreund und Partner Paul Allan. Erst 1975, nach der Gründung von Micro-Soft (damals noch mit Bindestrich), wurden Mitarbeiter eingestellt. Was glauben Sie: Ob der Erfinder von Windows zu einem der erfolgreichsten Männer der Welt geworden wäre, wenn er sich vom ersten Tag an mit festen Personalkosten belastet hätte?

Das soll kein Argument gegen die Schaffung von Arbeitsplätzen sein, beileibe nicht (lesen Sie dazu auch Kapitel 5). Aber warten Sie damit besser so lange, bis Ihr Unternehmen in sicheren Bahnen läuft und Sie nicht jedes Mal unruhig werden, wenn ein Auftrag ausbleibt. Das macht Ihre Mitarbeiter nämlich auch nervös. Spucken Sie gerade am Anfang kräftig in die eigenen Hände und hauen Sie doppelt so stark rein wie sonst. Und falls Sie sich vor Anfragen wirklich nicht mehr retten können und fürchten, die Interessenten mit einer Absage auf ewig zu verprellen, dann engagieren Sie für diese Spitzen eben ein paar Aushilfskräfte, freie Mitarbeiter oder Leiharbeitnehmer. Wenn die Aufträge eines Tages regelmäßig hineinkommen und Ihre Leistungskapazitäten erschöpft sind, können Sie immer noch Personal einstellen.

Lieber heute als morgen gründen?

Den richtigen Zeitpunkt für eine Existenzgründung gibt es selten. Wenn Sie heute eine trendige Idee haben und finanziell flüssig sind, kann es morgen dafür schon zu spät sein. Die Konkurrenz schläft nicht, und der Geschmack der Kundschaft ändert sich geschwind. Steht allerdings im nächsten halben Jahr die Auszahlung einer größeren Versicherungssumme ins Haus, dann ist es sicher klug, solange mit der Gründung zu warten. Dann müssen Sie nämlich nicht zwischenfinanzieren. Ihr befristeter Arbeitsvertrag läuft in anderthalb Jahren aus? Prima, dann können Sie bis dahin noch ein wenig Kapital zur Seite legen, Kontakte knüpfen und eine grundsolide Geschäftsplanung auf die Beine stellen. Oder denken Sie weit in die Zukunft und wollen sich Ihren dritten Lebensabschnitt mit der Eröffnung eines Antiquariats verschönern? In diesem Fall können Sie Ihr Vorhaben gelassen angehen. Freuen Sie sich auf Ihr neues Leben als Unternehmer und versuchen Sie, bis zu diesem Zeitpunkt so viel Eigenkapital zu bilden, wie Sie für die Gründung brauchen. Denn wenn man älter ist, schläft man ungern auf einem Haufen Schulden ...

Als ökonomisch interessierter Mensch kennen Sie sicher den Rhythmus der Konjunktur. Mal brummt die Wirtschaft auf Hochtouren, mal zieht sie sich beleidigt zurück; mal tröpfeln die Aufträge ins Geschäft, mal geben sich die Kunden die Klinke in die Hand. Neue Unternehmen werden sowohl im wirtschaftlichen Abschwung wie auch im Aufschwung gegründet, und beides kann schiefgehen oder sich im Nachhinein als goldrichtig herausstellen. Von allen anderen Faktoren, die Sie bei einer Existenzgründung beachten müssen, leitet sich die Entscheidung über den richtigen Startzeitpunkt meist automatisch ab. Denken Sie daran erst, wenn alles andere in trockenen Tüchern ist.

Bitte Sitz nehmen: Der Firmenstandort

Bei einer Unternehmensübernahme oder dem Erwerb einer Beteiligung an einem bestehenden Betrieb ist die Standortfrage naturgemäß geklärt. Auch als Franchise-Nehmer sind Sie oft an eine bestimmte Stadt oder Region gebunden, das schreibt Ihnen der Konzeptgeber in der Regel vor. Bei allen anderen Gründungsvorhaben jedoch haben Sie die freie Auswahl: Streben Sie in eine quirlige Metropole, in eine überschaubare Stadt mittlerer Größe, zieht es Sie in die Berge oder aufs platte Land? Oder ist es Ihnen egal, wo Ihr Schreibtisch steht, weil Sie mit Ihren Kunden ohnehin nur per E-Mail verkehren?

Halt: Diese Frage war eine Falle, der Mitdenk-Test sozusagen. Denn, ganz ehrlich, haben Sie tatsächlich eine Wahl? Fast alle Existenzgründer lassen sich dort nieder, wo sie mit ihrer Familie schon lange leben und arbeiten, wo sie sich auskennen, wo sie über Freunde und Bekannte verfügen. Mit anderen Worten: Dort, wo sie eng mit anderen Menschen vernetzt sind. Dort werden sie geschätzt, und wenn sie sich mit ihrem Unternehmen prinzipiell an alle Verbraucher wenden, finden sie in diesem vertrauten Kreis ganz bestimmt die ersten Kunden. Insofern liegen Sie völlig richtig, wenn für Sie als erstes Ihr Wohnort als Standort in Frage kommt.

Daneben gibt es aber ein zweites, fast noch wichtigeres Auswahlkriterium für die Wahl der künftigen Wirkungsstätte: Gibt es am vorgesehenen Standort genügend Kunden, um das neue Geschäft, die Werkstatt, das Atelier langfristig über die Runden zu bringen? Oder rechnen Sie gar nicht mit Laufkundschaft, weil Sie Ihre Dienstleistung bundesweit über das Internet anbieten oder sich als Gebäudeenergieberater ausschließlich auf die Immobilienbesitzer in Ihrer Nähe konzentrieren? Wäre es dennoch sinnvoll, den Firmensitz in eine bekanntere, in eine dichter besiedelte Stadt zu verlegen? Die Antwort auf diese Frage sollten Sie als Gründer ebenso gut überlegen, wie es Taxifahrer Wolfgang Schreiber just im Augenblick tut.

Nach sieben Jahren hat Wolfgang Schreiber seinen Job verloren, weil sein Chef den Betrieb verkauft und der neue Inhaber den Fuhrpark radikal verkleinert hat. Schreiber fährt seit fast 20 Jahren unfallfrei, ist gesund und arbeitet gerne. Er überlegt, sich selbst einen Wagen zu kaufen und als Unternehmer in das Taxigeschäft einzusteigen. Die Kundennachfrage in seinem Wohnort, einer Kleinstadt etwa 30 Kilometer entfernt vom Rhein-Main-Airport, hält er jedoch für bedenklich gering. Auf der sicheren Seite wäre er mit einer Lizenz für das benachbarte Frankfurt am Main. Damit könnte er auch am Flughafen Fahrgäste aufnehmen und längere Fahrstecken verkaufen. Für die Erlaubnis, in der Bankenstadt ein Taxiunternehmen zu betreiben, verlangt der Magistrat der Stadt Frankfurt allerdings wesentlich mehr Geld als die Verwaltung in seinem Wohnort. Außerdem müsste Schreiber die Orts- und Straßenkenntnis der Großstadt nachweisen, das bedeutet mindestens vier Wochen strenges Büffeln, und er hätte eine erheblich weitere An- und Abfahrt zu seinem Arbeitsplatz. Um all das, was für und gegen den Standortwechsel spricht, auseinandersortieren zu können, muss der Taxifahrer also gut rechnen können – und sein Heimatgefühl dabei außer Acht lassen.

Wenn Sie sicher sind,

- dass Sie Ihre Dienstleistung, Ihren Markt und Ihre künftigen Kunden präzise beschreiben können (Haken dran?),

- dass Ihr Eigenkapital, Ihre Arbeitsfähigkeit und Ihre Motivation ausreichen, um die Gründung und die ersten Monate im laufenden Betrieb zu überstehen (Haken dran?),
- ob Sie sich allein oder zusammen mit Partnern auf den Weg machen wollen (Haken dran?) und
- wo Laden, Werkstatt und das Chefbüro stehen sollen (Haken dran?),

dann können Sie den nächsten Schritt in Angriff nehmen.

Butter bei die Fische: Der Businessplan

Eine Idee bleibt eine Idee, solange sie nicht vom Notizbuch in ein aussagefähiges und vorzeigbares Dokument übertragen wird. Erst wenn er in Form eines „Businessplans“ vorliegt, wird er von Kreditinstituten, Förderstellen und der Arbeitsagentur akzeptiert. Und sehen wollen ihn alle: Banken und private Geldgeber ebenso wie die Arbeitsagentur. Ohne den Businessplan erhalten Sie weder ein Darlehen noch einen Zuschuss! Bevor wir jedoch dazu kommen, können Sie sich eine kurze Verschnaufpause gönnen. Wägen Sie in dieser Zeit noch einmal alle Chancen und Risiken Ihrer Existenzgründung ab.

Ein einfach anzuwendendes und überaus hilfreiches Instrument hierfür ist die sogenannte SWOT-Analyse. Die Abkürzung SWOT steht dabei für:

- **S**trenghs (= Stärken)
- **W**eaknesses (= Schwächen)
- **O**pportunities (= Möglichkeiten)
- **T**hreats (= Risiken)

Listen Sie unter jedem dieser Oberbegriffe alles auf, was Ihnen bei längerem Nachdenken und bei Diskussionen mit Familie, Freunden und Bekannten in den Sinn kommt. Bei den Stärken und Schwächen geht es um Ihre Person als Gründer, bei den Chancen und Risiken um das, was der Markt für Ihre Gründung bereithält.

- Beschreiben Sie die *Stärken* und *Schwächen* Ihrer persönlichen Situation: Was spricht für eine Existenzgründung (zum Beispiel fachliche Qualifikation, Führungserfahrung)? Was spricht dagegen und welche Defizite müssen Sie ausgleichen (zum Beispiel keine kaufmännischen Kenntnisse)?
- Welche *Chancen* hat Ihr Vorhaben auf dem Markt (zum Beispiel steigende Nachfrage, schneller Markteinstieg)? Welche *Risiken* sind mit der Gründung verbunden (zum Beispiel große Zahl an Mitbewerbern, schwierige Kundenbindung)?

Benutzen Sie die SWOT-Analyse während Ihrer gesamten Gründungs- und der Anlaufphase. Halten Sie dabei Veränderungen fest. Haben Sie beispielsweise kaufmännische Kenntnisse erworben, dann rutschen die aus dem Feld „Schwäche" in die Kategorie „Stärke". Die SWOT-Analyse gibt Ihnen auf diese Weise immer einen aktuellen Überblick über alle wichtigen Faktoren, die Einfluss auf Ihre Gründung nehmen.

Was in den Businessplan gehört

Der formelle Geschäftsplan (englisch: Businessplan) stellt die Begeisterung eines Gründers vom Kopf auf die Füße, und für die Finanzierung braucht man ihn heute ohnehin.

Ein Businessplan ist eine durchnummerierte schriftliche Aufstellung, aus der Folgendes deutlich werden muss (Stichworte genügen, aber Sie sollten den Businessplan am Computer schreiben).

Diese Fragen muss Ihr Businessplan beantworten

- *Was wollen Sie unternehmen?* Beschreiben Sie Ihre Geschäftsidee und das, was Sie vorhaben.
- *Wer ist der, wer sind die Gründer?* Wie sah Ihr bisheriges Berufsleben aus? Hier hinein gehört Ihr Lebenslauf einschließlich Zeugniskopien und Befähigungsnachweisen.
- *Wie sieht der Markt für Ihre Produkte und Leistungen aus, an wen wollen Sie verkaufen?* Beschreiben Sie die aktuelle Marktsituation, Ihre Wettbewerber, Ihre potentiellen Lieferanten, deren Konditionen und – ganz wichtig! – Ihre Kundenzielgruppe.

- *Die Formalien der Gründung.* An welchem Standort wollen Sie gründen, in welcher Rechtsform (siehe Kapitel 3) und mit wie viel (wie qualifiziertem) Personal?
- *Preisgestaltung und Vertrieb.* Zu welchem Preis wollen Sie Ihr Produkt oder Ihre Dienstleistung verkaufen? Welche Vertriebspartner werden Sie nutzen? Welche Werbemaßnahmen wollen Sie ergreifen?
- *Wie viel Kapital benötigen Sie für die Gründung und den laufenden Betrieb? Und wie finanzieren Sie das?* Hilfe bei der Kapitalbedarfs- und Finanzierungsplanung finden Sie im nächsten Kapitel.
- *Einnahmen und Ausgaben.* Mit welchen Einnahmen und Ausgaben rechnen Sie im ersten Geschäftsjahr? Wie sieht Ihre Prognose für die ersten drei Jahre aus?
- *Wie ist die Familie des Gründers abgesichert?* Ist Ihr/e Partner/in berufstätig, was machen die Kinder, leben Sie in der eigenen Immobilie, welche Versicherungen haben Sie abgeschlossen?
- *Welche Chancen und Risiken hat Ihr Vorhaben?* Dazu können Sie Ihre SWOT-Analyse heranziehen.

Sie sehen: Gründliches Vorbereiten lohnt sich. Je eingehender Sie sich vor der Gründung mit allen Aspekten rund um Ihr Vorhaben beschäftigen, desto leichter fällt Ihnen die Aufstellung des Businessplans. Und wenn Sie wirklich einmal nicht weiterwissen:

Guter Rat ist manchmal kostenlos!

Im Internet werden viele Gründerfragen beantwortet. Besonders umfassende Angebote finden Sie unter:

- www.kfw-mittelstandsbank.de
- www.einfach-gruenden.org
- www.existenzgruender.de

Schulzes Tagebuch: „Eine Gelegenheit ist noch kein Geschäft“

„Ohne den Fred“, versichert der 63-jährige Inhaber des Installateurbetriebs „Paul Meier Wasser-Wärme-Wohnen“ seinen Stammtischfreunden mindestens zwei Mal pro Monat, „könnte ich mich von meinem Geschäft verabschieden. Diese modernen Heizungssysteme sind ja nur noch Computer. Was da alles an Elektronik drinsteckt ...“ Genau hierauf hat sich sein Mitarbeiter Fred Schulze spezialisiert, hat im letzten Winter sogar die Meisterprüfung abgelegt. Seither setzt ihn Meier fast ausschließlich für Verkauf, Installation und Wartung von hochkomplexen Gas- und Solarheizanlagen ein. Um den Sanitärbereich kümmern sich die beiden Gesellen und der Lehrling.

Freitagabend feiert Schulze sein Zehnjähriges bei Wärme-Meier. Während sich die Kollegen über den Kartoffelsalat von Schulzes Frau hermachen, bugsiert ihn der Chef in eine ruhige Ecke: „Auf ein Wort, Fred. Du weißt doch, dass ich langsam aufhören will. Sag mal: Willst Du den Betrieb nicht übernehmen? Er ernährt seinen Mann, über den Preis werden wir uns schon einig, und ich wüsste ihn in guten Händen.“ Insgeheim hat Schulze schon länger mit dieser Frage gerechnet. Trotzdem muss er erst mal schlucken. „Danke für Ihr Vertrauen, Chef. Darüber muss ich nachdenken und auch mit Petra sprechen. Klar, reizen tät’s mich schon. Aber wenn ich daran denke, wie viel Schulden ich mir dafür ans Bein hängen müsste ... da muss ich haarscharf rechnen.“ Der Chef prostet ihm zu. „Gut. Denk‘ nach. Wenn Du willst, dann reden wir nächste Woche mal mit meinem Steuerberater. Der Scheitel kennt den Laden aus dem Effeff.“

„Das habe ich kommen sehen“, nickt Gottlieb Scheitel, als Meier und Schulze vor ihm sitzen. „Ich erkläre Ihnen auch gern, wie der Betrieb momentan wirtschaftlich da steht. Aber die Grundsatzentscheidung, ob Sie als Chef zukünftig ins Risiko gehen wollen, Herr Schulze, diese Entscheidung müssen Sie selbst treffen. Lassen Sie sich dafür so viel Zeit, wie Sie brauchen. Nichts für ungut, Paul, aber ich will Euch beide gut beraten. Eine Gelegenheit wie diese kann ein gutes Geschäft sein – sie muss es aber nicht. Vielleicht wollen Sie ja etwas verändern, investieren, in eine neue Richtung marschieren. Womöglich müssen Sie das sogar, denn“ – Scheitel wendet sich an den Unternehmer – „Du weißt, dass ich Dich schon lange bedränge, das Heizungsgeschäft auszuweiten. Sanitär ist ausgereizt, aber Wärmepumpen und Solar sind im Kommen. Das sieht man deutlich an den unterschiedlichen Ergebnissen der beiden Bereiche. Wir gehen jetzt gemeinsam die Zahlen durch. Und dann machen Sie, Herr Schulze, einen genauen Businessplan. Den brauchen Sie sowieso für die Bank. Wenn Sie wollen, helfe ich Ihnen dabei. Oder Sie machen einen Termin bei einem Gründungsberater der Handwerkskammer." Scheitel grinst. „Je nachdem, wem Sie mehr vertrauen. Es geht um viel Geld. Und um Ihre Zukunft."

In beidem vertraut Fred Schulze vor allem seiner Frau. Bis zur Geburt der Kinder hat Petra Schulze als Sparkassenkauffrau gearbeitet. Und prompt lautet denn auch ihre erste Frage: „Eine eigene Firma klingt schön und gut, Fred. Aber das kostet doch eine ganze Stange Geld? Wovon bezahlen wir das?" *(Fortsetzung nach Kapitel 2)*

2 Ohne Moos nix los
Wie Sie Ihre Geschäftsidee finanzieren

- Wie viel Startkapital brauchen Sie?
- Ein Kredit muss her – So überzeugen Sie den Banker
- Öffentliche Fördergelder: Graben Sie den Staat an
- Wer gibt Ihnen sonst noch Geld
- Was die Bundesagentur für Arbeit für Sie tun kann
- Jetzt wird die Sache rund

Mehr als eine Million Menschen haben 2007 in Deutschland eine selbständige Tätigkeit aufgenommen. Knapp die Hälfte davon sind hauptberufliche Unternehmer, der Rest arbeitet als Selbständige/r auf Teilzeitbasis. Vier von zehn Gründern investieren zunächst weniger als 5.000 Euro in ihr Gründungsvorhaben. Zwei Jahre nach dem Start sind noch drei Viertel aller Gründer am Markt. Ein schöner, aber aussichtsloser Traum muss der Sprung ins Unternehmerdasein also beileibe nicht bleiben.

Nur: Jedes Jahr müssen einige Zehntausende ihren Betrieb kurz nach Eröffnung wieder schließen. Insbesondere Gründer im High-Tech-Bereich unterschätzen oft die Geschwindigkeit, mit der die Märkte ständige Produkterneuerungen fordern. Irgendwann, so die Befürchtungen der öffentlichen und privaten Kapitalgeber, könnte den Unternehmern der Atem ausgehen. Das nennt man dann „Insolvenz wegen Überschuldung" – und soll Ihnen nicht passieren!

Die sechs Grundregeln für eine optimale Unternehmensfinanzierung:

- Höchstmöglicher Einsatz von Eigenmitteln
- Kombination zinsgünstiger Fördermittel
- Nutzung tilgungsfreier Jahre
- Anpassung der Kreditlaufzeiten an betriebliche Nutzungsdauer (zum Beispiel erworbener Maschinen)
- Bei allen Investitionen stets einen Finanzierungspuffer berücksichtigen
- Liquidität hat immer Vorrang vor Rentabilität. Das heißt: Mieten oder Leasen kann im Einzelfall teurer sein, bindet aber weniger Kapital

Ein guter Wille und eine gute Idee reichen noch nicht: Es muss noch gutes Geld dazukommen. Am besten Zurückgelegtes vom eigenen Konto, denn so sparen Sie Zinsen und bleiben in jeder Beziehung Ihr eigener Herr. Wenn das freilich nicht ausreicht, zapfen Sie eben die Quellen des Fremdkapitals an. Investitionskapital gibt es in Deutschland genug. Unterschätzen Sie diesen Weg aber nicht: Wer als Gründer erst in den Anfängen steht, muss bei den Geldgebern harte Überzeugungsarbeit leisten.

Vor allem, wenn es um Geld geht: Beratung

Die Finanzierung ist ein besonders wichtiges Kapitel einer Existenzgründung. Lassen Sie sich daher unbedingt beraten: bei den Kammern, Ihrer Bank oder Sparkasse und natürlich bei der KfW Mittelstandsbank. Bereiten Sie Ihre Gespräche gut vor, damit Ihre Gesprächspartner Ihr Vorhaben genau einschätzen können. Ihr Businessplan steht doch, oder? Nehmen Sie ihn mitsamt allen dazugehörenden Unterlagen zu den Verhandlungen mit.

Wie viel Startkapital brauchen Sie?

Ein Teil Ihres Businessplans sagt etwas aus über die Finanzmittel, die Sie für die Gründung und die erste Zeit im Betrieb haben müssen. Das können Sie leicht ausrechnen:

Gebühren für Geschäftsanmeldungen, Notar und etwaige Bescheinigungen

\+ *Investitionen* für die Erstausstattung Ihres Betriebs (Maschinen, PC, Möbel, Firmenwagen, Drucksachen, Firmenschild, Anzeigen, Homepage u.a.)

\+ *Laufende Kosten* (Warenbestand, Arbeits- und Verbrauchsmaterial, Miete, Personal, Unternehmerlohn, Versicherungen, Fahrzeugkosten, Kreditzinsen, Energie, Telefon u.a.)

\+ *Rücklagen* (für Ihre Steuern, Neuanschaffungen und Unvorhersehbares)

= *Ihr Gründungs- und Betriebsaufwand im ersten Jahr Ihrer Existenzgründung*

Von der ermittelten Summe ziehen Sie das ab, was Sie auf der hohen Kante haben und in Ihren Betrieb hineinstecken wollen. Das ist Ihr Eigenkapital, welches Sie als Gründer in Form von Bargeld und zu erwerbenden Rohstoffen und Maschinen in Ihr Unternehmen investieren wollen. In der Regel deckt es nicht Ihren errechneten Kapitalbedarf. Dann müssen Sie scharf nachdenken. Und (Tipp!) sich mal wieder bei der Verwandtschaft blicken lassen ...

Machen Sie Kassensturz

Haben Sie einen netten Vater (Tante, Großvater, Patenonkel ...), der Ihnen das fehlende Geld leihen könnte und würde? Besitzen Sie Immobilien und andere Wertsachen, die Sie zu Geld machen könnten? Ihre Lebensversicherung sollten Sie dafür nicht opfern, die wird Ihnen später noch einmal gute Dienste leisten. Aber vielleicht greift Ihnen Ihr bisheriger Arbeitgeber mit einem Darlehen unter die Arme oder beteiligt sich mit einem kleinen Anteil an Ihrem Start-up? Haben Sie einen Kollegen oder Studienfreund, der sich mit Ihnen zusammen auf die Unternehmerreise begibt? Wäre eventuell ein Familienangehöriger oder guter Bekannter bereit, für Sie bei einer Bank zu bürgen?

Dort müssen Sie ohnehin vorbeischauen. Denn wenn Ihr Finanzierungsplan immer noch eine Deckungslücke aufweist, dann führt Sie Ihr nächster Weg zu einer, besser zu mehreren Banken. Nutzen Sie den Wettbewerb unter den Banken.

Ein Kredit muss her – So überzeugen Sie den Banker

Ihr Gesprächspartner bei der Bank will einen motivierten und leistungsbereiten Unternehmer in spe sehen, dessen Geschäftskonzept gründlich überlegt ist und das ihm einleuchtet. Ansonsten interessiert ihn, wie viel Eigenkapital Sie mitbringen und an wie viel Fremdkapital von der Bank Sie gedacht haben. Denn natürlich sollten Sie nicht die gesamte Finanzlücke mit einem teuren Betriebskredit stopfen, sondern nur so viel, wie auf anderen Wegen (zum Beispiel über das KfW-StartGeld oder andere öffentliche Gründerdarlehen, dazu kommen wir gleich) nicht aufzutreiben ist. Bedenken Sie aber: Je mehr Fremdkapital aufgenommen wird, desto störungsanfälliger wird Ihr wirtschaftliches Gesamtgefüge. Denn Zinsen und Tilgung werden auch in schlechten Zeiten fällig.

Jetzt müssen Sie sich zum ersten Mal „verkaufen"

Banker beklagen, dass jeder zweite Gründer unvorbereitet in das Kreditgespräch geht. Selbst von denjenigen, die überhaupt einen Businessplan mitbringen, gerät die Hälfte auf Nachfragen ins Stocken: „Ja, daran habe ich tatsächlich noch nicht gedacht ...". So etwas macht keinen guten Eindruck. Banker wollen, dass ihre Kunden vorausdenken. Das verringert nämlich das Risiko der Kreditinstitute, das gepumpte Kapital irgendwann als unwiederbringlich abschreiben zu müssen. Und je geringer die Bank Ihr Risiko einschätzt, desto besser liegen Sie im sogenannten Rating und desto niedriger sind die von Ihnen geforderten Zinsen. Gewissermaßen als Belohnung für Ihre Weitsicht.

Was soll ich anziehen?

Genau das, was Sie auch bei einem wichtigen Kundengespräch tragen würden. Werfen Sie sich bloß nicht in eine „Schale", die nicht zu Ihnen passt und in der Sie sich unwohl fühlen. Als Handwerker brauchen Sie keinen Nadelstreifenanzug. Aber wenn Sie eine Investmentgesellschaft oder eine Unternehmensberatung eröffnen, wäre der natürlich angebracht.

Entsprechend professionell treten Sie bei diesem Gespräch auf. Wenn Sie wollen, können Sie einen Berater mitnehmen. Eine Ausfertigung Ihres Businessplans samt Finanz- und Investitionsplan, Rentabilitätsvorschau und Liquiditätsrechnung (mehr dazu finden Sie im Ratgeber „Controlling", herausgegeben von der KfW Bankengruppe, Frankfurt 2006) geben Sie dem Sachbearbeiter der Bank. Der wird Sie trotzdem bitten, ihm zu erzählen, worum es geht. Und das tun Sie auch – kurz und prägnant, in verständlichen Worten ohne Fachchinesisch, sicher im Auftreten und selbstbewusst. Sie sind kein Bittsteller! Während Sie von Ihrem Plan berichten, wird der Banker darin blättern (lassen Sie sich davon nicht aus dem Konzept bringen) und zwischendurch Fragen stellen – die Sie selbstverständlich aus dem Stand beantworten können. Falls nicht, machen Sie sich eine Notiz und reichen die Antwort kurzfristig nach. Das darf aber nicht zu oft vorkommen.

Verhandeln Sie richtig

- Sagen Sie klar und deutlich, was Sie von Ihrem Finanzierungspartner erwarten.
- Gehen Sie davon aus, dass der Banker inhaltlich nicht unbedingt so viel wie Sie von Ihrem Geschäft versteht. Aber seien Sie ganz sicher, dass er weiß, bei welcher neutralen Stelle er sich darüber informieren kann – und dass er das auch tut.
- Lassen Sie ihn oder sie ausreden und hören Sie gut zu.
- Treten Sie selbstbewusst, aber nicht übertrieben forsch und fordernd auf.
- „Überfallen" Sie den Banker nicht mit sämtlichen Details, auf die Sie selbst Wochen oder Monate verwendet haben. Was er von Ihnen erwartet, ist eine fundierte Kurzfassung Ihres Vorhabens.

Sie können das Bankgespräch am Computer trainieren. Unter www.existenzgruender.de/gruendungswerkstatt finden Sie ein interaktives Lernprogramm („eTraining"), das Sie durch alle Phasen des Geldbeschaffungsgespräches führt. Oder Sie bestellen beim Infocenter der KfW Mittelstandsbank telefonisch die kostenlose Broschüre „Gründungsberater“ mit einer ausführlichen Checkliste zur Vorbereitung auf das Bankgespräch und vielen anderen guten Tipps. Das Infocenter erreichen Sie von Montag bis Freitag zwischen 7:30 und 18:30 Uhr unter der kostengünstigen Servicerufnummer 0180 1 241124. (3,9 Cent/Minute aus dem Festnetz der Deutschen Telekom, Preise aus Mobilfunknetzen können abweichen.)

Öffentliche Fördergelder: Graben Sie den Staat an

Die Europäische Union (EU), der Bund, die Länder und auch die Kommunen stellen öffentliche Fördergelder bereit, um politisch gewollte Ziele zu erreichen. Zum Beispiel:

- Arbeitsplätze sollen geschaffen oder erhalten werden,
- eine bestimmte Region (zum Beispiel strukturschwache Gebiete, Berlin oder die östlichen Bundesländer) soll durch Neugründungen wirtschaftlich stärker werden,
- als aussichtsreich befundene Hochtechnologien sollen sich verbreiten und durchsetzen oder
- mit einer Förderung der Unternehmernachfolge sollen bestehende Arbeitsplätze gesichert werden.

Wenn eine oder mehrere dieser Bedingungen auf Ihr Gründungsvorhaben zutreffen, können Sie unter Umständen Fördermittel in Anspruch nehmen. Dazu müssen Sie aber erst wissen, was es alles gibt, und danach aufpassen, dass Sie keine Antragsfristen versäumen. Denn das wäre doch zu schade.

Wer gibt das Geld?

Es gibt in Deutschland keine allgemeinen Behörden oder Einrichtungen, bei denen öffentliche Fördermittel beantragt werden können. Fast jedes Programm muss bei einer anderen Institution mit unterschiedlichen Ansprechpartnern beantragt werden. Außerdem unterscheiden sich die Antragsverfahren je nach Programm. Bei manchen werden Unternehmen nur vor der Gründung, bei anderen erst danach gefördert.

Lassen Sie sich deshalb so früh und so gründlich wie möglich beraten und sprechen Sie erst dann die zuständigen Stellen an.

In Deutschland können Förderprogramme beantragt werden, die von der EU, vom Bund oder von den einzelnen Bundesländern aufgelegt wurden. Dabei handelt es sich meistens um Darlehen, aber auch um nicht rückzahlbare Zuschüsse. Typisch für öffentliche Förderdarlehen sind günstige Zinsen, lange Laufzeiten und häufig eine rückzahlungsfreie Zeit, bis Sie mit der Tilgung beginnen müssen.

Bundesrepublik Deutschland

Die Bundesprogramme werden vom Bund aufgelegt und müssen dort bei den jeweils zuständigen Stellen beantragt werden. Zu den Bundesprogrammen zählen auch die zinsgünstigen Kredite, die von der KfW Mittelstandsbank gewährt werden. Die Anträge hierfür müssen Sie bei Ihrer Hausbank einreichen.

Gehen Sie keine finanziellen Bindungen ein, ohne sich über alle in Frage kommenden Förderprogramme zu informieren. Und vergessen Sie nicht: Viele davon müssen Sie vor der Unternehmensgründung beantragen.

Die wichtigsten KfW-Förderprogramme für Existenzgründer

1. Unternehmerkapital (ERP-Kapital für Gründung)

Gefördert werden Gründungs- bzw. Investitionsvorhaben, die eine nachhaltig tragfähige gewerbliche oder freiberufliche Existenz als Haupterwerb erwarten lassen, „tätige Beteiligungen“ mit unternehmerischem Einfluss (zum Beispiel als Geschäftsführer mit mindestens zehn Prozent Gesellschaftsanteil), die Übernahme eines Unternehmens oder die Festigung der selbständigen gewerblichen oder freiberuflichen Existenz innerhalb von zwei Jahren nach Aufnahme der Geschäftstätigkeit. Gefördert werden betriebsnotwendige Investitionen, der Kaufpreis eines Unternehmens oder Unternehmensteiles, das Warenlager sowie branchenübliche Markterschließungsaufwendungen. Der Förderungsbetrag ist auf 500.000 Euro je Antragsteller begrenzt. Es werden keine Sicherheiten verlangt, aber es müssen mindestens 10 Prozent Eigenmittel (in den östlichen Bundesländern und in Berlin) bzw. 15 Prozent Eigenmittel (in allen anderen Bundesländern) eingesetzt werden. Zusammen mit den Eigenmitteln wird mit dem ERP-Kapital für Gründung ein bis zu 45-prozentiger „eigenkapitalähnlicher" Anteil erreicht (in den östlichen Bundesländern und Berlin bis zu 50 Prozent). Man spricht hierbei auch von „Mezzanine-Kapital".

2. KfW-StartGeld

Damit können Gründer, Freiberufler und kleine Unternehmen bis zu drei Jahre nach Aufnahme der Geschäftstätigkeit Investitionen und Betriebsmittel zu günstigen Konditionen finanzieren. Anspruchsberechtigt sind auch Gründer, die zunächst im Nebenerwerb starten. Die Kreditsumme beträgt maximal 50.000 Euro. Eine Kombination des im Programm KfW-StartGeld geförderten Vorhabens mit anderen KfW- oder ERP-Programmen ist nicht möglich.

3. KfW-Unternehmerkredit

Er dient der langfristigen Finanzierung von Investitionen und ist auf 10 Millionen Euro je Vorhaben begrenzt. Finanziert werden Grundstücke und Gebäude, Baumaßnahmen, Kauf von Maschinen, Anlagen und Einrichtungsgegenständen, Beschaffung und Aufstockung des Material-, Waren- oder Ersatzteillagers sowie die Übernahme eines bestehenden Unternehmens oder der Erwerb einer tätigen Beteiligung. Gefördert werden Existenzgründer im Bereich der gewerblichen Wirtschaft und der Freien Berufe. Es werden banküblich Sicherheiten verlangt, und der Zins bemisst sich nach dem Risiko.

4. ERP-Startfonds

Dieses Programm kommt für innovative kleine und mittlere Technologieunternehmen der gewerblichen Wirtschaft, die nicht älter als zehn Jahre sind, in Frage. Die Beteiligung soll den Finanzierungsbedarf für die Entwicklung und Markteinführung neuer oder wesentlich verbesserter Produkte, Verfahren und Dienstleistungen decken. Eine KfW-Beteiligung in Höhe von maximal drei Millionen Euro ist möglich, wenn sich ein weiterer Beteiligungsgeber in mindestens gleicher Höhe an dem Technologieunternehmen beteiligt.

Weitere Informationen zu diesen Programmen finden Sie unter www.kfw-mittelstandsbank.de sowie unter www.foerderdatenbank.de.

Bundesländer

Die Landesprogramme werden bei den zuständigen Stellen der Länder, in der Regel bei den Landesförderinstituten (LFI), beantragt. In vielen Fällen sind die Wirtschafts-, Arbeits-, Forschungs- oder Sozialministerien zuständig. Daneben gibt es noch zahlreiche private oder halböffentliche Stellen, die für die Vergabe von Fördermitteln zuständig sind.

Wie fördern die Bundesländer Existenzgründungen?

In nahezu allen Bundesländern gibt es eigene Förderprogramme für Existenzgründer, die von den Landesförderinstituten (LFI) betreut werden. Damit werden Angebotslücken geschlossen und spezifische, auf die Bedürfnisse der Gründer und die Besonderheiten des Bundeslandes abgestimmte Finanzierungshilfen entwickelt. Deren Schwerpunkt sind häufig langfristige, zinsverbilligte Landesprogramme sowie Risikoübernahmen. LFI treten wettbewerbsneutral auf und arbeiten nach dem Hausbankprinzip. Eine Liste aller LFI finden Sie unter www.kfw-mittelstandsbank.de, Service, „Ergänzende Internetadressen".

Wer gibt Ihnen sonst noch Geld?

Grundsätzlich stellen öffentliche wie private Kapitalgeber die gleichen Überlegungen an, bevor sie sich an einer Neugründung beteiligen. Die Wirtschaftsförderungen der Kommunen und Bundesländer sowie die staatliche KfW Mittelstandsbank verfolgen darüber hinaus wirtschafts- und strukturpolitische Ziele. Ein Gründer, der neue Arbeitsplätze schaffen möchte (das kann auch der eigene sein), wird hier deshalb auf offenere Ohren stoßen als bei den strikt renditeorientierten Beteiligungs- und Venture-Capital-Gesellschaften. Letztere beteiligen sich ohnehin nicht an Klein- und Kleinstgründungen mit weniger als einigen Dutzend Mitarbeitern und einem Kapital, dass nicht wenigstens an die Millionengrenze reicht. Aber wenn Sie ein größeres Rad drehen wollen, können Sie es hier durchaus versuchen. Der Bundesverband Deutscher Kapitalbeteiligungsgesellschaften (www.bvk-ev.de) hält eine Mitgliederliste und weitere Informationen für Sie bereit.

Private Equity: Beteiligungsgesellschaften und Venture Capital

Der Begriff Private Equity stammt ursprünglich aus den USA und bezeichnet privates Beteiligungskapital. Es wird nicht börsennotierten Unternehmen von privaten oder institutionellen Investoren in Form von eigenkapitalähnlichen Mitteln für eine Laufzeit zwischen drei und zehn Jahren zur Verfügung gestellt. Dabei wird in der Regel auf die Stellung von Sicherheiten verzichtet. Die Anlässe zum Einsatz von Private Equity reichen von der Gründungs- und Frühphasenfinanzierung über die Expansions- und Wachstumsfinanzierung bis hin zu besonderen Finanzierungsanlässen.

Anders als Kreditinstitute geben *Beteiligungsgesellschaften* keine Darlehen, sondern erwerben Anteile an der Neugründung. Sie hoffen, dass sich das Unternehmen so prima entwickeln wird, dass sie nach ein paar Jahren mit hohen Gewinnen wieder aussteigen können. Grundsätzlich gilt: Je mehr man dem Finanzinvestor als Entscheidungsgrundlage vorlegen kann, zum Beispiel einen Prototypen, ein erstes Produkt, Kunden und Referenzen, umso größer sind die Aussichten auf eine erfolgreiche Finanzierungsrunde. Bei den Kapitalnehmern der *Venture-Capital-Gesellschaften* handelt es sich häufig um forschungsintensive Technologieunternehmen, die im Erfolgsfall einen hohen Gewinn, bei einem Fehlschlag aber auch ein hohes Risiko darstellen.

Im Vergleich zur ersten großen deutschen Start-up-Welle in den späten 90er Jahren hat sich inzwischen aber einiges verändert. Während man damals mit einer Idee und einem Businessplan gute Chancen hatte, einen Betrag in zweistelliger Millionenhöhe zu bekommen, zeigen sich die Investoren heutzutage deutlich verschlossener. Für die Erstfinanzierung geben sie kleinere Beträge. Immerhin: 2007 summierten sich die vereinbarten Beteiligungen auf insgesamt rund 400 Millionen Euro.

Business Angels

Als Business Angels („Geschäftsengel“) bezeichnet man vermögende Privatpersonen, die innovativen Gründern Kapital und unternehmerisches Know-how zur Verfügung stellen. Sie investieren einen Teil ihres privaten Vermögens direkt in eine Firma und erhalten im Gegenzug Unternehmensanteile. In der Regel haben Business Angels entweder Gründungs- oder Managementerfahrung, in vielen Fällen sogar beides. Sie verfügen daher meist über umfassende kaufmännische Kenntnisse und über ein großes Netzwerk. Business Angels investieren vor allem in den frühen Lebensphasen eines Unternehmens. Sie unterstützen ein Unternehmen nicht nur mit Kapital, sondern stehen ihm darüber hinaus auch mit ihrem Wissen und ihrer Erfahrung, zum Beispiel in Form von Coachings, zur Seite. Diese Unterstützung verschafft dem Unternehmen so einen zusätzlichen Mehrwert. Weitere Informationen finden Sie im Internet unter www.business-angels.de.

Mezzanine-Finanzierung

Der Begriff Mezzanine-Finanzierung steht als Oberbegriff für Finanzierungsinstrumente, die aufgrund ihrer rechtlichen und wirtschaftlichen Eigenschaften zwischen Eigenkapital und Fremdkapital einzuordnen sind. Es handelt sich somit um „eigenkapitalähnliches" Kapital, für das sehr gute Zukunftsperspektiven, aber keine Sicherheiten benötigt werden – wie zum Beispiel für das KfW-Programm „ERP-Kapital für Gründung".

Grundsätzlich ist diese Finanzierungsmöglichkeit vor allem für solche Unternehmen von Interesse, die hohe Wachstumsziele verfolgen und dafür viel Kapital benötigen. Allerdings sollte das Unternehmen eine solide Ausgangsposition haben. Neben hohem Wachstumspotential sollte es auch über eine sehr gute Eigenkapitalrendite, eine hohe Ertragskraft sowie eine gute Marktposition verfügen. Typische Einsatzbereiche sind Management-Buy-Outs, bei denen eine oder mehrere Führungskräfte Anteile an dem Unternehmen erwerben, bei dem sie früher beschäftigt waren. Aber auch bei der Finanzierung von Wachstumsstrategien, Projekten, Akquisitionsstrategien oder zur Vorbereitung eines Börsengangs wird Mezzanine-Kapital eingesetzt.

Was die Bundesagentur für Arbeit für Sie tun kann

Mehr als 150.000 arbeitslose Menschen wagen jedes Jahr den Schritt in die Selbständigkeit. Zur finanziellen Abfederung zahlen die Arbeitsagenturen für einen begrenzten Zeitraum den sogenannten Gründungszuschuss oder das Einstiegsgeld. Ansprechpartner für die Antragstellung sind die regionalen Agenturen für Arbeit. Allgemeine Informationen sind im Internet unter www.arbeitsagentur.de erhältlich.

Fast mehr noch als bei einer Existenzgründung aus einer vorangegangenen Tätigkeit heraus sollten Sie allerdings bei einem Start aus der Arbeitslosigkeit heraus genauestens prüfen, ob und inwieweit Ihre Geschäftsidee tatsächlich Bestand am Markt haben wird. Wenn Sie nur deshalb Unternehmer oder Unternehmerin werden wollen, um die Ihnen zustehende staatliche Hilfe zum Lebensunterhalt aufzubessern, bringt Ihnen das langfristig keine Vorteile. Sie vergeuden wertvolle Monate, in denen Sie sich beruflich hätten weiterqualifizieren können.

Tipp

Für Gründer, die sich aus der Arbeitslosigkeit heraus selbständig machen wollen, bietet die KfW Mittelstandsbank ein Gründercoaching aus der Arbeitslosigkeit. Mehr Informationen dazu erhalten Sie unter www.gruender-coaching-deutschland.de oder im Infocenter der KfW Mittelstandsbank, telefonisch erreichbar von Montag bis Freitag zwischen 7:30 und 18:30 Uhr unter der kostengünstigen Servicerufnummer 0180 1 241124. (3,9 Cent/Minute aus dem Festnetz der Deutschen Telekom, Preise aus Mobilfunknetzen können abweichen.)

Jetzt wird die Sache rund

Ihr optimaler Finanzierungsmix besteht aus mindestens 15 (neue Länder 10) Prozent Eigenkapital, 30 (neue Länder 40) Prozent ERP-Kapital für Gründung und 55 (neue Länder 50) Prozent Fremdkapital, z.B. KfW-Unternehmerkredit. Angenommen, Ihr Investitionsplan beläuft sich für Maschinenpark, Büroausstattung, Fahrzeuge, Warenlager und Spezialwerkzeuge auf eine Summe von insgesamt 100.000 Euro – dann könnte sich eine Musterfinanzierung etwa an folgendem Beispiel orientieren:

Eigenkapital:	15 Prozent (15.000 Euro)
plus: ERP-Kapital für Gründung:	30 Prozent (30.000 Euro)
plus: KfW-Unternehmerkredit	55 Prozent (55.000 Euro)
Gesamt:	**100 Prozent (100.000 Euro)**

Hüten Sie sich vor den typischen Finanzierungsfehlern

- zu wenig Eigenkapital
- keine rechtzeitigen Verhandlungen mit der Hausbank
- Verwendung des Kontokorrentkredits („Dispo") zur Finanzierung von Investitionen
- hohe Schulden bei Lieferanten
- mangelhafte Planung des Kapitalbedarfs
- öffentliche Finanzierungshilfen nicht beantragt oder die Tilgung der Darlehenssumme nicht einkalkuliert
- finanzielle Überlastung durch scheinbar günstige Kredite

Schulzes Tagebuch: „Die Lebensversicherung ist tabu!"

260.000 Euro will Paul Meier für seinen Betrieb haben. „Der Pachtvertrag für die Werkstatt läuft noch acht Jahre und ist mehr als günstig. Einer der beiden Lieferwagen ist gerade mal sechs Monate alt. Außerdem haben wir für Zigtausende Material herumstehen und die teuren Diagnose-Koffer nicht geliehen, sondern vom Hersteller erworben", argumentiert der Verkäufer, „und dann musst Du ja auch den immateriellen Firmenwert sehen. Wärme-Meier hat seit 25 Jahren einen tadellosen Ruf. Die lokalen Bauunternehmer arbeiten gern mit uns. Und denk' an die projektierte Siedlung in Kirchstetten: Da kommt eine Menge auf uns zu. Das ist ein solider Grundstock für jeden Installateur, der sich bei uns in der Stadt niederlassen möchte." Schulze sieht das ein. Trotzdem hört er aus den Worten heraus: Friss oder stirb. Wenn er nein sagt, kommt der Betrieb in fremde Hände und für ihn solch eine Chance so schnell nicht wieder. Wenn er ja sagt, sitzt er ab sofort auf einem Haufen Schulden und muss für alles den Kopf herhalten. „Komm", ermuntert Frau Petra, „lass uns Kassensturz machen."

Angesichts der ersten Zahlenkolonne wird Schulze blass. „260.000 Euro Kaufpreis plus den Gebühren für die Überschreibung, den Neueintrag im Handelsregister – Du willst doch weiter Neuanlagen verkaufen und nicht nur warten, Fred? – plus der laufenden Kosten in diesem Jahr und einer Reserve für Unvorhergesehenes macht einen Finanzbedarf von knapp 330.000 Euro“, rechnet Petra vor, „als Unternehmerlohn habe ich Dein bisheriges Gehalt angesetzt.“ Auf der Habenseite stehen die Eigentumswohnung, die Schulze vor zwei Jahren von seinem Großvater geerbt hat, sowie eine ordentlich angesparte Lebensversicherung. Noch bevor er sagen kann: „Die könnten wir doch verkaufen“, fällt ihm die Sparkassenkauffrau ins Wort: „Die Versicherung ist tabu. Die ist für die Kinder. Aber für die Wohnung könnten wir bestimmt 200.000 Euro bekommen. Fehlen noch 130.000 Euro. Sprich doch mal mit der Bank. Und mit Scheitel.“

Zuerst zum Steuerberater: Ob es irgendwelche Fördergelder für Firmenübernahmen gebe ...? „Aber ja“, beruhigt Scheitel, „Ihre Existenzgründung ist nicht nur in Ihrem, sondern auch im volkswirtschaftlichen Interesse. Immerhin erhalten Sie drei Arbeitsplätze und eine Ausbildungsstelle. Lesen Sie mal, was hier steht: Zinsgünstige Existenzgründerdarlehen. Wissen Sie was? Sie machen da jetzt überall Termine und legen Ihren Plan vor.“ Schulze versteht viel von Heizungen, aber in Bankgesprächen fühlt er sich wie auf blankem Eis. „Ich komm‘ mit“, sagt Scheitel, „mit dem Finanzamt muss ich auch dauernd verhandeln.“

Am Ende fehlen noch 20.000 Euro. „Ob ich doch die Lebensversicherung verkaufe?“, überlegt Schulze laut. „Nur ja nicht“, rät Scheitel ab. „Reden Sie lieber noch mal mit dem Paul.“ Und tatsächlich: Weil Meier gedanklich schon halb auf den Kanaren steckt, wo er sich mit seiner Frau zur Ruhe setzen möchte, erklärt er sich bereit, Schulze einen Teil des Kaufpreises als Darlehen zu geben. „Aber kalkulieren Sie ja die Zinsen und die Tilgung dafür ein“, warnt Scheitel eindringlich, „die werden genauso pünktlich fällig wie die Pacht und die Personalkosten und die Steuern.“ *(Fortsetzung nach Kapitel 3)*

3 Die Gründungsformalitäten Rechtsformen, Steuern und Finanzen

- Die richtige Rechtsform
- Die Gründungsformalitäten
- Was Vater Staat von Ihnen will
- Der leidige „Bürokram"

Wenn die Finanzierung Ihrer Gründung auf sicheren Beinen steht, können Sie Ihr Unternehmen startklar machen. „Sicher" heißt: Sie haben Ihr Eigenkapital auf das Geschäftskonto überwiesen, etwaige Darlehenssummen sind dort bereits als Zahlungseingang verbucht, und die Anträge auf Fördergelder, die Sie vor der Gründung haben stellen müssen, sind gestellt, besser noch genehmigt. Kurze Rückversicherung: Sie wollen immer noch Unternehmer werden? Ihre Geschäftsidee ist ebenso aussichtsvoll wie vor ein paar Wochen? Niemand ist Ihnen zuvorgekommen? Sie sind hochmotiviert? Nun, dann können Sie gründen.

Die richtige Rechtsform

Das Gesetz lässt Ihnen die Wahl zwischen verschiedenen Rechtsformen:

- *Einzelpersonen* können entweder als Einzelunternehmen oder als (Ein Mann-)GmbH firmieren.
- *Mehrere Gründer* können die Gesellschaft bürgerlichen Rechts (GbR), eine Partnerschaftsgesellschaft, die offene Handelsgesellschaft (OHG), die Kommanditgesellschaft (KG), die GmbH und die (kleine) *Aktiengesellschaft* (AG) sowie ausländische Gesellschaftsformen wie zum Beispiel die englische Limited (Ltd.) wählen.

Die richtige Wahl der Rechtsform ist eine entscheidende Grundlage für den Bestand des Unternehmens. Im Laufe der Zeit könnten sich allerdings Veränderungen ergeben, die einen Wechsel der Rechtsform empfehlen. Überprüfen Sie deshalb gelegentlich, ob das „rechtliche Kleid“ Ihres Unternehmens noch passt.

Der Firmenname ...

ist in Deutschland üblicherweise eine Kombination aus dem Namen des Inhabers mit seinem Gewerk oder Geschäftszweig: Thomas Neumann Holz- & Bautenschutz; Piano-Köhler, Inhaber Manfred Köhler; Restaurant Traube, Inhaberin Lotte Holzer. Einzelunternehmer, die sich in das Handelsregister eintragen lassen, müssen die Bezeichnung „eingetragener Kaufmann“, „eingetragene Kauffrau“ oder eine allgemein verständliche Abkürzung dieser Bezeichnung, insbesondere „e.K.“, „e.Kfm.“ oder „e.Kfr.“ verwenden. Bei den anderen Rechtsformen wird deren Abkürzung genannt. Beispiele:

Marita Klein, e.Kfr.
Holger Schmidt, eingetragener Kaufmann
Freddy's Fundgrube e.K.
ImmoServ Mair, e.Kfm.
K. Reinhardt oHG
Garten Müller, Inh. Annemarie Müller KG
RenoBau Habicht Ltd.
H. Heinrich Sanitärinstallationen GmbH
Schäfer & Sohn oHG

Jede Rechtsform hat ihre Besonderheiten hinsichtlich Haftung, Besteuerung, organisatorischen Vorschriften sowie Buchführungs- und Bilanzierungspflicht.

Einzelunternehmen

Die meisten Gründer beginnen als Ein-Mann- oder Ein-Frau-Unternehmen, also als Einzelunternehmen. Dessen Inhaber, also Sie, ist der Einzelunternehmer oder die Einzelunternehmerin. Ob Sie einen kaufmännischen Betrieb oder ein Kleingewerbe führen, richtet sich danach, ob Ihr Geschäftsbetrieb nach Art und Umfang eine kaufmännische Einrichtung erfordert. Hier wird's näher erklärt:

Kaufmännischer Betrieb

Wenn Sie ein Handelsgewerbe betreiben, also beispielsweise Waren einkaufen und verkaufen und hierfür kaufmännisch tätig werden müssen, müssen Sie sich unter Umständen ins Handelsregister eintragen lassen und die Vorschriften des Handelsgesetzbuches (HGB) beachten – selbst wenn Sie früher Spengler, Gärtner oder Köchin gelernt haben. Als kaufmännisches Unternehmen können Sie aber auch dann gelten, wenn Sie gar keinen Handel im eigentlichen Sinne treiben. Erkundigen Sie sich bei Ihrem Steuerberater oder bei der Handelskammer, ob Sie eintragungspflichtig sind, denn auf unterlassene Eintragungen stehen hohe Strafen! Nicht kaufmännische Unternehmen können sich freiwillig ins Handelsregister eintragen lassen und werden dann wie Kaufleute behandelt. Wenn sie darauf verzichten, gilt für sie nicht das HGB, sondern das Bürgerliche Gesetzbuch (BGB).

Als Betreiber eines größeren kaufmännischen Betriebes müssen, als Kleinbetrieb können Sie Ihr Unternehmen in das elektronische Handelsregister eintragen lassen (www.handelsregister.de). Für die Eintragung brauchen Sie entweder einen Notar oder eine Software, die Sie im Internet unter www.egvp.de kostenlos beziehen können. Mit erfolgter Registrierung sind Sie Kaufmann oder Kauffrau im Sinne des Handelsgesetzbuchs (HGB) mit allen Rechten und Pflichten.

Das Handelsregister ist ein öffentliches Verzeichnis der Kaufleute und enthält Informationen, die für Ihre Geschäftspartner wichtig sind, zum Beispiel Sitz und Rechtsform, Inhaber und Gesellschafter sowie die Eröffnung oder Aufhebung eines Insolvenzverfahrens. Alle veröffentlichungspflichtigen Daten werden über das zentrale Unternehmensregister (www.unternehmensregister.de) im Internet bekannt gemacht. Sie selbst können zum Beispiel den Eintrag eines neuen Kunden einsehen, aber andere finden Ihre Firma dort natürlich auch. Halten Sie deshalb die Handelsregistereintragungen für Ihr Unternehmen immer auf dem neuesten Stand.

Reine Formsache

Viele Anmeldungen können Sie mittlerweile online erledigen. Formulare dazu finden Sie auf den Internetseiten Ihrer Stadt oder Gemeinde.

Kleingewerbe

Wenn Sie ein neues Gewerbe (zum Beispiel einen Reinigungsservice, eine Gärtnerei, einen Schlüsseldienst) planen oder einen bestehenden Gewerbebetrieb übernehmen wollen, müssen Sie sich beim Gewerbe- oder Ordnungsamt am Firmensitz anmelden. Der Gewerbeschein kostet je nach Stadt oder Gemeinde mindestens 20 Euro. Darin trägt der Beamte den Namen des Gründers und seiner Firma ein, die Firmenanschrift und die angebotenen Dienstleistungen oder Produkte. Anschließend wird geprüft, ob für Ihr Gewerbe eine besondere Erlaubnis erforderlich ist und ob Sie bestimmte Auflagen erfüllen müssen (Beispiele: Personenschutz, Gastronomie, Kinderbetreuung). Mit Erhalt des Gewerbescheins gelten Sie als selbständig und sind ab sofort zur Buchführung verpflichtet. Welche Auflagen für Ihr Geschäft gelten, erfahren Sie beim Gewerbe- und beim Finanzamt, bei der Industrie- und Handelskammer oder Handwerkskammer, bei der Berufsgenossenschaft, dem Statistischen Landesamt und dem Handelsregister beim Amtsgericht.

Als Gewerbetreibender sind Sie zwar nicht den strengen Vorschriften des HGB unterworfen. Dennoch müssen Sie auch gewisse „Spielregeln" beachten: zum Beispiel hinsichtlich der Gewinnermittlung und der Aufbewahrungsfristen für geschäftliche Unterlagen.

Ausgenommen von der Pflicht, sich einen Gewerbeschein zu besorgen, sind Land- und Forstwirte sowie die Angehörigen der Freien Berufe wie zum Beispiel Ärzte, Rechtsanwälte und Künstler. Sie müssen sich nur beim Finanzamt anmelden und erhalten hier ihre Steuernummer.

Vorteile des Einzelunternehmens:

- Sie können allein über die Geschäftspolitik und die Verwendung Ihres Betriebsvermögens entscheiden.
- Sie brauchen kein Mindestkapital.
- Die Gründung erfolgt unkompliziert und kostengünstig.
- Bis zu einer bestimmten Umsatz- und Ertragshöhe müssen Sie keine Bilanz vorlegen, eine Einnahme-Überschussrechnung genügt.
- Der Gewinn steht Ihnen allein zu.

Nachteile des Einzelunternehmens:

- Das Geschäftsrisiko liegt allein bei Ihnen.
- Sie haften mit Ihrem gesamten Geschäfts- und Privatvermögen.
- Die Kapitalbeschaffung ist unter Umständen schwieriger als bei einer Kapitalgesellschaft.

Gewerbetreibender oder Freiberufler?

Wenn Sie unsicher sind, ob Sie als Gewerbetreibender oder als Freiberufler gelten, erkundigen Sie sich beim Finanzamt. Die Angehörigen der sogenannten Katalog-Berufe (zum Beispiel Ärzte und Rechtsanwälte) gehören aufgrund ihrer Ausbildung automatisch zu den Freien Berufen. Bei anderen entscheidet die Ausbildung in Verbindung mit dem beabsichtigten Geschäftszweck.

Sobald Sie zu zweit oder zu mehreren an den Start gehen, können Sie kein Einzelunternehmen mehr gründen. Suchen Sie sich unter den nachfolgenden Rechtsformen die für Sie passende aus.

Gesellschaft bürgerlichen Rechts (GbR oder BGB-Gesellschaft)

Hierfür gelten ähnliche Grundsätze wie für den Kleingewerbetreibenden. Nur melden Sie eben Ihre Firma gemeinsam mit Ihren Kompagnons an, deshalb trägt sie sämtliche Namen der Gründer. Niemand zwingt Sie, miteinander einen schriftlichen Vertrag zu schließen. Trotzdem ist es besser. Denn wer erinnert sich schon nach zwei Jahren, wer bei der Gründung was gewollt hat? Auch wie Sie sich im Innenverhältnis organisieren (Wer macht was? Wer darf was?), bleibt Ihnen überlassen. Gewinn und Verlust werden geschwisterlich geteilt, der bürokratische Aufwand entspricht dem eines Einzelunternehmens. Aber Achtung: Auch bei der GbR haftet jeder Gesellschafter sowohl mit seinem Geschäfts- als auch mit seinem Privatvermögen. Sie sollten Ihren Mitgründern also viel Vertrauen entgegenbringen.

Offene Handelsgesellschaft (OHG)

Wenn die Betriebsgröße oder der Umsatz einer GbR über eine bestimmte Grenze hinaus steigt, wird sie automatisch zu einer Offenen Handelsgesellschaft, ähnlich wie ein anfangs kleiner Gewerbebetrieb, der zu einem kaufmännischen Betrieb herangewachsen ist, zu einer OHG wird. Sie können natürlich auch sofort als OHG starten. Auch hier gilt: Trau, schau, wem ... denn jeder Gesellschafter haftet mit seinem Geschäfts- und mit seinem Privatvermögen und das sogar „gesamtschuldnerisch" – einer nämlich für die Schulden des oder der anderen. Ihre Rechte und Pflichten als Gesellschafter regeln Sie in einem Gesellschaftsvertrag. Die OHG wird wie die Kommanditgesellschaft in das Handelsregister eingetragen.

Kommanditgesellschaft (KG)

Die Kommanditgesellschaft unterscheidet sich von der OHG vor allem durch die unterschiedliche Haftung der Gesellschafter. Neben dem persönlich haftenden Gesellschafter („Komplementär") gibt es Gesellschafter mit beschränkter Haftung („Kommanditisten"). Die Kommanditisten haften für Schulden der Gesellschaft nur mit ihrem Anteil am Gesellschaftsvermögen, und sie sind nicht an der Geschäftsführung beteiligt. Die KG wird gern verwendet, wenn das Risiko der persönlichen Haftung nur von bestimmten Gesellschaftern übernommen werden soll.

Die GmbH & Co. KG ist eine Sonderform der Kommanditgesellschaft: Hier ist eine GmbH alleinige Komplementärin. Damit ist die Haftung auf die im Handelsregister eingetragenen Haftsummen der Kommanditisten und das Kapital der GmbH beschränkt.

Gesellschaft mit beschränkter Haftung (GmbH)

Die GmbH gehört wie die AG zu den Kapitalgesellschaften. Sie ist eine Gesellschaft mit eigener Rechtspersönlichkeit, die in ihrem Bestand von den einzelnen Gesellschaftern unabhängig ist. Das bedeutet: Falls Meier eines Tages aussteigen will, Müller aber das Geschäft fortsetzen möchte, dann bleibt die GmbH trotzdem bestehen. Denn eine GmbH kann auch von nur einem Gesellschafter gegründet und betrieben werden („Ein-Mann-GmbH").

Die Gründer müssen gemeinsam ein Stammkapital von mindestens 25.000 Euro aufbringen. Sie haften auch nur bis zur Höhe ihrer Geschäftseinlage, ihr Privatvermögen bleibt also im Fall einer Insolvenz unangetastet. Der Preis dafür besteht unter anderem in einem deutlich höheren Gründungsaufwand (notariell beurkundeter Gesellschaftsvertrag!) und in der Pflicht, regelmäßig Bilanzen zu erstellen (Steuerberater!).

Partnerschaft

Die Partnerschaft ist hinsichtlich der Formvorschriften und der Haftung ähnlich der Offenen Handelsgesellschaft, aber ausschließlich Freiberuflern (zum Beispiel Ärzte, Rechtsanwälte, Journalisten) vorbehalten. Die Eintragung einer Partnerschaft in das Partnerschaftsregister erfordert eine notariell beglaubigte Form.

Weitere Unternehmensformen

Die Aktiengesellschaft (AG), eingetragene Genossenschaften (e.G.) und die englische Limited (Ltd.) haben für Neugründungen geringere praktische Bedeutung. Sie können allerdings im Einzelfall eine sinnvolle Alternative zu den genannten Rechtsformen darstellen. Zu Risiken und Nebenwirkungen fragen Sie Ihren Anwalt oder Steuerberater!

Die Gründungsformalitäten

Für alle Bürger der Europäischen Union gilt die Gewerbe- und Niederlassungsfreiheit. Das heißt, sie haben das Recht, den Beruf, den Arbeitsplatz und den Firmensitz für eine selbständige Tätigkeit frei zu wählen. Für eine Übergangszeit davon ausgenommen sind nur die neuen EU-Mitgliedstaaten im Rahmen der Osterweiterung. Nicht-EU-Bürger benötigen für eine selbständige Erwerbstätigkeit entweder eine (befristete) Aufenthaltserlaubnis oder eine (unbefristete) Niederlassungserlaubnis. Beides muss schon vor der Einreise nach Deutschland bei einer deutschen Vertretung im Heimatland beantragt werden.

Längst nicht jeder Handwerker braucht den Meisterbrief, um sich selbständig machen zu können. Die Meisterpflicht gilt nur noch für knapp jedes zweite Handwerk (41 von 94); auch muss der Gründer selbst kein Meister sein, wenn er einen Meister einstellt. Bis auf wenige Ausnahmen (Schornsteinfeger- und Gesundheitshandwerke) können die meisten Gesellen einen Handwerksbetrieb gründen, wenn sie darin sechs Jahre praktische Tätigkeit nachweisen können. Ingenieure, Absolventen von technischen Hochschulen und staatlichen oder staatlich anerkannten

Fachschulen für Technik und für Gestaltung können sich ohne weiteren Qualifikationsnachweis selbständig machen.

Hier müssen Sie liefern

Für alle anderen Gründer heißt es: Recherchieren! Finden Sie heraus, ob Behörden, Kammern oder Berufsverbände bestimmt persönliche und/oder fachliche Anforderungen an Sie als Gründer stellen. Erkundigen Sie sich, für welche Vorhaben besondere Voraussetzungen und Nachweise, behördliche Zulassungen oder Genehmigungen erforderlich sind.

Gesundheitsamt

Je nach Tätigkeit benötigen Sie eine Erlaubnis (die sogenannte Unbedenklichkeitsbescheinigung) des Gesundheitsamtes. Dies gilt zum Beispiel für Gründungen in der Gastronomie, beim Lebensmittelverkauf und in der Kinderbetreuung. Dabei überprüft das Gesundheitsamt oder die Gewerbeaufsicht (das ist regional unterschiedlich) auch die hygienischen Zustände Ihrer Geschäftsräume. Außerdem müssen Sie ein polizeiliches Führungszeugnis beibringen und oft auch eine Bestätigung der Industrie- und Handelskammer an der Teilnahme an einem Seminar für Hygiene und Umgang mit Lebensmitteln vorweisen.

Gewerbeaufsichtsamt und Bauamt

Erkundigen Sie sich rechtzeitig vor der Eröffnung Ihres Betriebes beim Gewerbeaufsichtsamt, ob die von Ihnen geplanten Betriebsräume den gesetzlichen Bestimmungen entsprechen. Wenn Sie Räume, die bisher anders genutzt waren, künftig als Ihre Betriebsräume nutzen wollen, müssen Sie eine Nutzungsänderung beim zuständigen Bauamt beantragen. Die Planung gewerblicher Um- und Neubauten sollte ebenfalls rechtzeitig mit dem Bauamt abgestimmt werden. Als künftiger Gastwirt oder -wirtin benötigen Sie eine Gaststättenkonzession; wenn Sie darüber auch noch alkoholische Getränke verkaufen wollen, auch noch eine Schankkonzession.

Fragen Sie bei den Behörden vorsichtshalber auch nach, ob Ihre spezielle Geschäftstätigkeit die Erfüllung weiterer gesetzlicher Anforderungen erfordert, beispielsweise in Bezug auf den Umweltschutz, den Denkmalschutz oder Arbeits- und Gesundheitsschutz von Beschäftigten. Die

Inhaber sogenannter überwachungsbedürftigen Gewerbe (als solche gelten neben anderen Reisebüros, Auskunfteien, Detekteien, Ehevermittlungen sowie der Alt- und Gebrauchtwarenhandel) benötigen für die Anmeldung ein polizeiliches Führungszeugnis.

Wollen Sie juristisch stets auf dem Laufenden bleiben?

Dann lassen Sie sich mit Hilfe der startothek (www.startothek.de) beraten. Damit stellen Sie sicher, dass Sie keine rechtlichen Aspekte vergessen haben. Die startothek wird alle 14 Tage aktualisiert. Deshalb finden Sie hier stets die neuesten Informationen zum Gewerbe- und Gesellschaftsrecht, Steuer- und Sozialversicherungsrecht, Arbeitsschutzrecht, Baurecht und Umweltrecht sowie zu Fachthemen wie Franchising, Unternehmensnachfolge, Nebenerwerbsgründung, Gründung aus der Arbeitslosigkeit, gewerbliche Mietverhältnisse, Gemeinnützigkeit und Gründung innerhalb von Deutschland.

Berufsgenossenschaft

Die Berufsgenossenschaft ist die gesetzliche Arbeitsunfallversicherung für Mitarbeiter und – je nach Berufsgruppe – auch für Selbständige. Wenn Sie Mitarbeiter beschäftigen, müssen Sie diese bei der zuständigen Berufsgenossenschaft versichern. Je nach Berufsgruppe sind Sie auch selbst verpflichtet, dort eine gesetzliche Unfallversicherung abzuschließen. Wenn nicht, können Sie sich dort (übrigens zu recht günstigen Konditionen) freiwillig versichern lassen. Erkundigen Sie sich bei der Deutschen Gesetzlichen Unfallversicherung (www.dguv.de).

Was Vater Staat von Ihnen will

Als Inhaber eines Kleingewerbebetriebes und als nicht im Handelsregister eingetragener Kaufmann sind Sie bis zu einem steuerlichen Jahresgewinn von 50.000 Euro von der Bilanzierung befreit. Sie dürfen Ihren Gewinn durch eine einfache Einnahmen-Überschussrechnung (EÜR) ermitteln. Als eingetragener Kaufmann hingegen sind Sie gesetzlich verpflichtet, Bücher zu führen, darin Ihre Handelsgeschäfte und die Lage Ihres Vermögens nach den „Grundsätzen ordnungsmäßiger Buchführung“ auszuweisen und jährlich eine Bilanz zu erstellen.

Auf Ihren ermittelten Gewinn werden Steuern fällig: Einkommen- und gegebenenfalls Kirchensteuer sowie – falls Sie nicht gerade Freiberufler sind – Gewerbesteuer.

Einkommensteuer

Solange das Unternehmen nicht als Kapitalgesellschaft (GmbH, AG) eingetragen ist und damit keine eigene Rechtspersönlichkeit hat, ist der Unternehmer immer als Person einkommensteuerpflichtig. Dies gilt sowohl für Einzelunternehmer (nicht eingetragener Kaufmann, Kleingewerbetreibender) als auch für die Gesellschafter einer GbR, einer OHG, einer KG und einer Partnerschaft. Wer mit seinem Unternehmen Einkünfte aus einem Gewerbebetrieb, aus anderer selbständiger Arbeit oder aus Land- und Forstwirtschaft erzielt, muss Einkommensteuer bezahlen. Und zwar, prozentual gesehen („Steuerprogression"), umso mehr, je höher sein ausgewiesener Gewinn ist. Die gegebenenfalls zu zahlende Gewerbesteuer wird teilweise auf die Einkommensteuer angerechnet.

Der für die Berechnung Ihrer Einkommensteuer maßgebliche Gewinn ergibt sich, wenn Sie von den Betriebseinnahmen die Betriebsausgaben abziehen. *Betriebseinnahmen* sind die Erlöse aus dem Verkauf Ihrer Produkte und Dienstleistungen sowie aus dem Verkauf von alten Maschinen oder Fahrzeugen. Das müssen Sie anhand Ihrer Ausgangsrechnungen, Geldeingangsquittungen und Kontoauszüge belegen. *Betriebsausgaben* sind alle Kosten, die mit dem Geschäftsbetrieb Ihres Unternehmens in Zusammenhang stehen: Pacht oder Miete, Strom, Telefon, Firmenwagen, Kreditraten, Personalaufwand und Anschaffungen. Heben Sie alle Belege auf und achten Sie auf Vollständigkeit: Name des Ausstellers und Geldempfängers, Adresse, Datum, Rechnungsnummer, genaue Bezeichnung der Leistung und des Leistungszeitraums sowie die Steuernummer. Sonst erkennt das Finanzamt die Rechnungen womöglich nicht an!

Ihre Einnahmenüberschussrechnung wandert einmal im Jahr direkt von Ihnen oder vom Steuerberater an das Finanzamt. Das veranlagt Sie daraufhin zur Einkommensteuer. Um Ihnen zu helfen, den finanziellen Überblick zu bewahren, fordert Vater Staat jedes Vierteljahr einen Steuerabschlag von Ihnen. Der wird, wenn Sie am Jahresende einen Schlussstrich unter Ihr Geschäftsergebnis gezogen haben, verrechnet.

Umsatzsteuer

Als Unternehmer dürfen Sie die in den Eingangsrechnungen enthaltene Umsatzsteuer („Vorsteuer") von der, die Sie bei der Erstellung Ihrer Ausgangsrechnungen aufgeschlagen haben („Mehrwertsteuer"), abziehen. Die Differenz überweisen Sie einmal im Monat oder im Quartal, je nach der Höhe Ihres Umsatzes, an das Finanzamt.

Dieses Verfahren setzt freilich voraus, dass Sie mindestens einmal im Monat zum Taschenrechner greifen und aus allen eingegangenen (und von Ihnen bezahlten und nach Datum abgelegten) Lieferantenrechnungen die Umsatzsteuer heraus rechnen.

Gliedern Sie die Beträge nach den unterschiedlichen Umsatzsteuersätzen: 7 Prozent und 19 Prozent. Das Gleiche machen Sie bei Ihren Ausgangsrechnungen. Damit müssen Sie nur noch am PC das sogenannte Elster-Formular für das Finanzamt ausfüllen – und ab geht die elektronische Post. Ach ja: Sollte sich bei Ihrer Rechnung herausstellen, dass Sie dem Finanzamt etwas schulden, dann überweisen Sie den Betrag bitte pünktlich.

Der leidige „Bürokram"

Aus Erfahrung wissen wir, dass gerade Handwerker die „unproduktive" Büroarbeit gerne weit von sich schieben. „Das kostet nur Zeit", hören wir Sie auch schon knurren, „da kann ich so viel anderes tun." Wir glauben Ihnen das gerne. Aber ob der Betriebsprüfer vom Finanzamt oder von der Krankenkasse das auch tut, wenn er Ihre Geschäftsunterlagen sichten möchte und Sie ihm empfehlen, er möge sich das Passende aus dem Umzugskarton dort hinten in der Ecke heraussuchen? Selbst wenn Sie sich halbherzig entschuldigen: „Für den Papierkram hatte ich keine Zeit, ich muss schließlich arbeiten", wird er garantiert nicht Ihre Unternehmerarbeit leisten. Er wird Ihre Einnahmen und Ihre Ausgaben einfach schätzen. Und falls er dabei mangels richtiger Information auf eine viel zu hohe Steuer- und Abgabenlast kommt, dann haben Sie ein Problem.

Kalkulieren Sie deshalb von Anfang an zwei, drei Bürostunden in der Woche ein, in denen Sie Rechnungen und Mahnungen schreiben, Angebote formulieren und bei Lieferanten einholen, die Eingangspost auf wichtige Briefe von den Behörden, von der Bank und vom Steuerberater durchsehen und beantworten, die Kontoauszüge prüfen und das Kassenbuch auf den neuesten Stand bringen.

Vernachlässigen Sie nicht die Buchhaltung

Eine erschreckende Statistik belegt: Die mit Abstand meisten Krisensituationen bei jungen Unternehmen werden durch einen schludrigen Umgang mit der Buchhaltung verursacht. Ganz besonders tragisch wird ein Versagen im buchhalterischen Bereich immer dann, wenn die Kreditvergabe von aktuellen Zahlen abhängig gemacht wird. Mit einer ordentlichen, nachprüfbaren Buchhaltung sind Sie immer auf der sicheren Seite.

Hier muss der Chef selbst ran

Auch wenn Sie das überhaupt nicht mögen, werden Sie hin und wieder im Büro Formulare ausfüllen und geschäftliche Unterlagen bearbeiten müssen. Sicher, die lästige, aber unvermeidliche Ablage von Briefen, Kontoauszügen, Quittungen sowie Ein- und Ausgangsrechnungen kann Ihnen eine freundliche Hilfskraft abnehmen. Auch das Schreiben von Angeboten, Rechnungen und Mahnungen können Sie – wenn Sie sicher sind, dass es korrekt gemacht wird – einer vertrauenswürdigen und verschwiegenen Person überlassen. Aber manche Dinge sind wirkliche „Chefsachen", die Sie als Unternehmer nicht delegieren können. Zum Beispiel:

- Die *betriebswirtschaftliche Auswertung* (BWA), die Ihr Steuerberater Ihnen monatlich ins Haus schickt, sollten Sie genau prüfen. Fällt ihnen darin etwas auf? Leuchtet irgendeine Signallampe rot auf? Haben Sie Rückfragen, weil Ihnen etwas unklar ist? Müssen Sie handeln?
- Stopfen Sie die *Bankauszüge des Firmenkontos* nicht lässig in einen Schuhkarton, sondern lesen Sie sie von oben bis unten durch und vergleichen Sie die Geldeingänge mit Ihrer Offene Posten-Liste: Haben die Kunden gezahlt? Falls die Fälligkeit verstrichen ist, müssen Sie mahnen. Und stimmen die Geldabbuchungen mit Ihren An- und Überweisungen überein? Sind Daueraufträge und Lastschriften so ausgeführt worden, wie Sie das angeordnet haben?

- Auch die *Führung des Kassenbuches* sollte allein Ihre Sache sein. Darin tragen Sie alle Bareinnahmen und -ausgaben chronologisch ein.

Aufbewahrungsfristen

Das Finanzamt verlangt von Ihnen, beispielsweise alle Buchungsunterlagen wie Rechnungen, Quittungen und Kontoauszüge zehn Jahre lang aufzubewahren. Darüber hinaus existieren noch zahlreiche weitere Aufbewahrungspflichten, die Sie zu beachten haben – Ihr Anwalt oder Steuerberater helfen Ihnen hier weiter. Legen Sie sich im Büro (bei Platzmangel: im Keller) ein Regal zu, in dem Sie zu Beginn eines jeden Jahres die Ordner mit den abgehefteten Belegen hineinstellen. Sie können diese Dinge natürlich auch bei Ihrem Steuerberater stehen lassen. Aber was ist, wenn Ihr Computer plötzlich den Geist aufgibt und Sie vergessen haben, wo Sie ihn vor zweieinhalb Jahren gekauft haben? Um nachzuschauen, ob noch Garantie darauf ist? Wetten: Just an diesem Tag hat Ihre Steuerberaterin ein Schild an die Bürotür gehängt: „Wegen Betriebsferien geschlossen."

Schulzes Tagebuch: „Nächste Woche ist der 10.! Gruß, Meier."

Seit Tagen wälzt sich Fred Schulze nachts im Bett herum. Finanziell gesehen steht seiner selbständigen Existenz zwar nichts mehr im Wege, aber – wie soll die Firma heißen? „Früher passte ‚Wasser-Wärme-Wohnen' ganz gut, aber ich will ja weg von der Sanitärtechnik", grübelt Schulze seinen Kegelbrüdern vor, „und dann bleibt nur die Wärme übrig. Aber ‚Wärme-Schulze' klingt nach Heizdecke oder Bratwurstbude. Fällt Euch was Besseres ein?" Bäckermeister Schneider denkt mit: „Wenn Du keine GmbH gründen willst, musst Du ohnehin Deinen vollen Namen führen. Wie wäre es mit Fred Schulze e.K. Gas- und Solarheizungen? Als knackiges Logo: Schulze Gas+Solar? Gerade heraus, leicht zu merken und mit dem metallischen Klang von Hightech?" Rundherum fröhliches Gejohle: „Unser Zuckerbäcker, wie er leibt und lebt ... aber gar nicht übel." Das findet Fred Schulze auch. Und schläft endlich wieder durch.

Gerade flattert eine Ansichtskarte mit sparsamen Worten von Paul Meier auf den Schreibtisch: „Lasse es mir am Pool gut gehen. Bei

Ihnen auch alles im grünen Bereich? Achtung (doppelt unterstrichen): Nächste Woche ist der 10.! Gruß, Meier." Der 10.!? Was will der Vorbesitzer von Schulze Gas+Solar damit sagen? Rrrring – das Telefon läutet. Der Meister muss an die Arbeit.

Am 12., kurz vor zehn Uhr, klingelt es erneut. „Kohler von der Geschäftsbank, Guten Morgen, Herr Schulze. Wie geht's, wie steht's, wie laufen die Geschäfte? Gut ...? Das freut mich. Tja, rufe wegen Ihres Geschäftskontos an. Das ist schwer überzogen. Und gestern kam noch eine Lastschrift vom Finanzamt herein, die muss ich leider zurückgehen lassen. Mangels Deckung. Sie sollten sehen, dass Sie das anderweitig geregelt bekommen ... schönen Tag noch, und nichts für ungut, Herr Schulze."

Der Steuertermin am 10. April! Siedend heiß fällt Fred Schulze ein, was Wärme-Meier mit dem ominösen Hinweis auf das Datum gemeint hat. Das hat der Jungunternehmer nun wirklich total verschwitzt! SOS-Meldung an Steuerberater Scheitel: Ob man da noch was machen könne? „Dumme Sache", schüttelt Scheitel den Kopf, „ich habe Ihnen doch geschrieben: Am 10. will der Fiskus Ihre Einkommensteuervorauszahlung haben. Pünktlich und ohne Diskussion. Wenn Sie keinen Ärger haben wollen, plündern Sie Ihr Sparbuch oder pumpen Ihren Schwiegervater an und zahlen das Geld heute noch bar bei der Finanzkasse ein. Am besten rufen Sie zusätzlich den Sachbearbeiter an und entschuldigen Sie sich für die Verspätung."
(Fortsetzung nach Kapitel 4)

4 So gewinnen Sie Kunden und Aufträge Werbung, Marketing und Vertrieb

- Neu auf dem Markt?
- Nützliche und nutzlose Werbemittel
- Wollen Sie sich auf Messen messen?
- Verkaufen mit Herz und Verstand

Sie sind selbständig. Endlich. Jetzt sitzen Sie zufrieden an Ihrem Schreibtisch, bedienen das pausenlos klingelnde Telefon (einen Mitarbeiter haben Sie – wie die meisten Gründer – in dieser Anfangsphase noch nicht) und füllen Ihr Auftragsbuch.

Nein? In Wirklichkeit hält sich der Ansturm Ihrer Kunden in engen Grenzen? Ein Grund mag sein, dass Ihr Angebot kein Selbstläufer ist, dass es leider nicht in jeder Hinsicht besser *und* aufregender *und* auch noch deutlich billiger ist als das der Konkurrenz. In wichtigen Aspekten leisten Sie mehr als die Konkurrenz, sicher, nur hat sich das leider noch nicht überall herumgesprochen. Oder sind Ihre Produkte und Dienstleistungen doch nicht wirklich einzigartig? Willkommen im Club: Laut dem Gründungsmonitor 2007 der KfW gingen 2006 etwa 70 Prozent der Neugründer weder mit einem innovativen noch mit einem wissensintensiven Projekt an den Start. Das allein ist also noch kein Manko. Weitaus wichtiger ist etwas anderes: *Wissen Ihre zukünftigen Kunden überhaupt, dass es Ihr Unternehmen gibt?*

Neu auf dem Markt?

Vor dem Beginn Ihres Unternehmerlebens haben Sie gründlich den Markt sondiert. Sie haben festgestellt, dass es für Ihr Angebot einen Bedarf gibt, denn sonst hätten Sie den Schritt in die Selbständigkeit ja nicht gewagt. Realistischerweise haben Sie auch eine gewisse Anfangs-Durststrecke eingeplant, aber jetzt werden Sie doch etwas nervös. Ein Kundenstamm muss her! Dazu müssen Sie erst einmal erreichen, dass man Sie überhaupt zur Kenntnis nimmt. Abgesehen davon, dass Sie es sich kaum leisten können, 60 teure TV-Sekunden zu buchen, um Ihr Produkt oder Ihre Dienstleistung bekannt zu machen, wäre das in den meisten Fällen reine Geldverschwendung. Irgendwie müssen Sie aber für Ihre Produkte oder Dienstleistungen die Werbetrommel rühren. Woher soll der Markt sonst wissen, dass Sie ihn zu erobern gedenken?

Frisch gebackene Unternehmer verlieren in der anstrengenden und turbulenten Anfangsphase häufig die Übersicht. Sie konzentrieren sich auf die Produktion, haben (genug) Mühe mit den ersten Aufträgen, sie suchen eifrig nach technischen Verbesserungen und nach Möglichkeiten, das Angebot zu erweitern. Dabei vernachlässigen sie den Verkauf und die Suche nach weiteren Kunden. Tappen Sie nicht in diese Falle! Denn wenn Sie weder neue Kunden gewinnen noch Folgeaufträge hereinholen können, steht Ihre Neugründung bald vor dem Aus.

Ihr oberstes Gebot lautet also: Aufmerksamkeit erregen. Sagen, schreiben, verkünden, dass es Sie gibt, was es bei Ihnen gibt und wie Interessenten an das Begehrte gelangen können.

Wenn Sie ein Riesenbudget für Werbung eingeplant haben, dann inserieren und hörfunkwerben Sie so lange, bis selbst der letzte Einsiedler von Ihnen gehört hat. Lassen Sie Prospekte drucken, verteilen Sie Hauswurfsendungen, beauftragen Sie eine Werbeagentur und starten Sie eine Medienkampagne. Für alle anderen, finanziell etwas sorgsameren Gründer gilt: Drehen Sie jeden Marketing-Euro zwei- bis drei Mal um, bevor Sie ihn ausgeben. Und seien Sie flexibel. Wie und in welchem Medium Sie werben und welche Verkaufsinstrumente zum Erfolg führen, hängt allein von Ihrem Wirtschaftszweig, Ihrem speziellen Angebot und Ihrer angestrebten Zielgruppe ab. Vor allem ist es längst nicht so, dass nur die teuersten Kampagnen zum Erfolg führen.

Durchbrechen Sie den Teufelskreis

Gleichgültig, womit Sie Ihr Geld verdienen wollen, ob mit dem funkelnagelneuen Fußpflegesalon, einem Handelsbetrieb für PC-Produkte oder mit der fachmännischen Schreinerei – am Anfang stehen alle vor einem fast unlösbar scheinenden Problem: Die Kunden kommen nur, wenn sie Vertrauen haben. Doch wen man nicht kennt, zu dem kann man kein Vertrauen haben, eben weil man ihn nicht kennt. Diesen Teufelskreis müssen Sie durchbrechen. Als Fußpfleger oder Handwerker, dessen Kundschaft meist in der Nähe sitzen wird, schaffen Sie das kurzfristig am ehesten mit Annoncen in Ihrem lokalen Anzeigenblatt. Denken Sie darüber hinaus aber auch an wichtige Meinungsbildner in Ihrem direkten Umfeld: die Ärzte in der Nachbarschaft, Apotheken, Friseure, Gaststätten. Wer nämlich von jemandem, zu dem er bereits Vertrauen hat, auf einen neuen Betrieb aufmerksam gemacht wird, überträgt unwillkürlich seine positive Meinung (übrigens auch seine negative, aber das steht auf einem anderen Blatt).

Deshalb gehen Sie ruhig bei den eingeführten Geschäftsleuten am Ort Klinken putzen. Stellen Sie sich vor, erzählen Sie von Ihrem Vorhaben und fragen Sie höflich, ob Sie einen Stapel Visitenkarten oder Prospekte auf dem Tresen platzieren dürfen. Wenn Sie merken, dass Ihre Tätigkeit beim Gesprächspartner auf Interesse stößt, dann bieten Sie eine Vorführung Ihrer Dienste an – selbstverständlich kostenlos! Und pflegen Sie Ihre ersten Kunden mit besonderem Bedacht: Deren Mund-zu-Mund-Propaganda ist kostenlos und ohnehin unbezahlbar.

Sie sind neu am Ort? Gehen Sie frühstücken!

Eine gute Gelegenheit, andere Unternehmer in der Region kennen zu lernen, ist das sogenannte *Businessfrühstück*. Darunter versteht man ein branchenübergreifendes Netzwerk, das von der örtlichen Wirtschaftsförderung, der IHK oder der Handwerkskammer gestaltet wird, um Geschäftsleute am Ort zusammen zu bringen und zu Wissens- und Informationsaustausch anzuregen. Im Idealfall entstehen unter den Teilnehmern neue Geschäftskontakte.

Setzen Sie auf den Wiederholungseffekt

Die Eröffnungsparty Ihres Sportgeschäfts war ein voller Erfolg? Dann knüpfen Sie noch eine Zeitlang daran an. Hängen Sie zum Beispiel in Ihrem Geschäft Fotos der fröhlich feiernden Kunden aus oder bedanken Sie sich mit einer kleinen Anzeige in der Lokalzeitung für die freundliche Aufnahme. Sie haben zum Einstand besonders attraktive Angebote gemacht und ordentlich verkauft? Dann legen Sie nach drei Monaten mit saisonalen Offerten nach. Ihre winzige, aber professionell gestaltete Annonce hat reichlich Neugierige zu Ihnen gebracht, von denen die eine oder der andere ein Kunde werden könnte? Dann belassen Sie es nicht bei diesem einen Mal. Steter Tropfen höhlt den Stein, stete Werbung fördert die Erinnerung an Sie.

Denken Sie nicht nur anlässlich Ihrer Geschäftseröffnung, sondern in regelmäßigen Zeitabständen über Zusatzleistungen nach, die Sie kostenfrei oder sehr günstig anbieten können. Damit locken Sie nicht nur Schnäppchenjäger, sondern vielleicht auch neue Kunden an. Hier ein paar Beispiele zur Anregung:

- „In der ersten Aprilwoche bespannen wir Ihren Tennisschläger zum Sonderpreis."
- „Beim Kauf eines Satzes neuer Winterreifen ziehen wir diese kostenlos auf."
- „Wählen Sie bei uns in Ruhe Ihre neuen Badezimmerfliesen aus – wir laden Sie gerne dazu auf einen Kaffee ein."

Bleiben Sie hellwach – Ihre Konkurrenz schläft auch nicht

Ein Geheimnis erfolgreichen Marketings ist die ständige Beobachtung des Wettbewerbs. Machen Ihre Branchenkollegen häufig mit neuen Produkten oder Services auf sich aufmerksam? Gibt es zurzeit deutliche Preisunterschiede bei den Anbietern? Wenn ja, aus welchem Grund? Beschaffen Sie sich möglichst viele Informationen. Was machen die Marktführer momentan? Fragen Sie bei Lieferanten und guten Kunden nach und scheuen Sie auch nicht vor Testbesuchen oder Testkäufen zurück. Sie müssen ständig im Bilde sein, ob die Marktlage noch so ist wie zu Beginn Ihrer Gründungsplanung. Dem Optiker kann jederzeit ein lukratives Zusatzgeschäft wegbrechen, nur weil beim Supermarkt nebenan auf einmal Einfachbrillen neben der Kasse aushängen. In diesem Fall muss der Neuling mit einem anderen Angebot kontern – mit günstigen Kontaktlinsen für den Einmalgebrauch beispielsweise. Und diesen Gegenangriff sollte er laut und deutlich bewerben.

Geraten Sie bitte nicht in Panik, falls Ihr Geschäft vier Monate nach dem Start immer noch vor sich hin dümpelt. Damit mussten Sie rechnen. Denn fast alle Märkte sind heute stark gesättigt, und die Konkurrenz schläft natürlich auch nicht. Überarbeiten Sie lieber Ihr Marketing- und Vertriebskonzept:

- Prüfen Sie, ob Sie die Zielgruppe, die Sie ursprünglich im Auge hatten, tatsächlich erreichen. Warum nicht? Bieten Sie das Falsche richtig an, bieten Sie das Richtige falsch an oder bieten Sie gar das Falsche falsch an?
- Müssen Sie den Abnehmerkreis enger oder weiter fassen oder sogar ganz neu bestimmen?
- Sollte der Firmenauftritt überdacht werden? Wenn Sie noch kein Logo, kein ansprechendes Geschäftspapier, keine Broschüre und keine Internetseite haben, dann wird es Zeit. Lassen Sie das aber nur dann vom Nachbarssohn entwickeln, wenn der sein Handwerk wirklich versteht. Denn Ihre „Corporate Identity", also Ihre Geschäftsmarke, wird mit Ihnen persönlich identifiziert. Und Sie selbst ändern sich doch auch nicht alle naselang, oder?
- Stimmt Ihre Preis- und Rabattpolitik? Sind Sie zu teuer oder zu billig, bieten Sie Preiskombinationen und Nachlässe bei Großbestellungen?
- Haben Sie die falschen Marketingmaßnahmen getroffen oder ein unpassendes Werbemedium gewählt? So ist es zum Beispiel ziemlich aussichtslos, im Kino oder im Radio für ein stark erklärungsbedürftiges Produkt zu werben.
- Ist Ihre Werbung nicht zielgenau genug, haben Sie hohe Streuverluste? Das wird der Fall sein, wenn Sie Ihr Spezialgeschäft für Golfsportartikel per Flugblatt in der Fußgängerzone bekannt machen wollten.
- Oder haben Sie die Werbung etwa links liegen lassen, weil Ihnen das alles zu teuer war? Dann gehen Sie bitte noch einmal zurück auf „Los" und schmieden Sie jetzt einen Marketingschlachtplan. Denn von nichts kommt auch nichts.

Manchmal hängt ein ganzer Rattenschwanz daran ...

Wenn Sie Ihre Marketing- und Vertriebsstrategie variieren, werden Sie auch manches andere verändern müssen. So wie Brigitte Müller, die vor einem halben Jahr ein Tee-Fachgeschäft in der Lüneburger Heide eröffnet hat. Neben Tees in sämtlichen Darreichungsformen verkauft sie auch edle Teeservices und weiteres Zubehör für den Liebhaber des geschmackvollen Aufgusses. Oft klingelt die Ladenglocke nicht, aber nach einigen Monaten registriert sie mehr und mehr Bestellungen, die per Post hereinkommen. „Aha“, sagt sich Frau Müller, „meine Kunden sitzen wohl doch nicht nur in der Nähe.“ Deshalb will sie ihre Produkte jetzt auch im Internet anbieten.

Ein kluger Gedanke, nur erzwingt der nicht nur eine Neuausrichtung des Marketings, sondern ihrer ganzen Tätigkeit. Denn nun wendet sich die Unternehmerin an Kunden in ganz Deutschland, vielleicht sogar in den Nachbarländern. Und die betreten das Müller'sche Ladengeschäft, in dem sie auf ihre Webseite spazieren. Also muss Brigitte Müller ihrem Internetauftritt jetzt mindestens so viel Aufmerksamkeit schenken wie ihrem Angebot im Tee-Fachgeschäft. Außerdem muss sie mehrmals täglich in ihren E-Mail-Briefkasten schauen und Bestellungen fertigmachen. Vielleicht möchte sie ihre Online-Kunden bald auch von sich aus anschreiben und auf Neuigkeiten hinweisen: Dazu braucht sie eine Adressverwaltung. Brigitte Müller will aber auch neue Kunden gewinnen. Also lässt sie sich bei den wichtigsten Suchmaschinen eintragen und kauft bei einem Adressenhändler die Anschriften bekannter Teetrinker. Unaufgefordert darf Frau Müller Privatpersonen nicht einfach anrufen, um auf Ihr Sortiment hinzuweisen. Das ist gesetzlich untersagt. Aber wenn jemand auf ihr Mailing reagiert und ausdrücklich einen Rückruf akzeptiert, dann darf sie anrufen. Das ist erlaubt.

Nützliche und nutzlose Werbemittel

Neugründer sind begehrt. Volkswirtschaftlich gesehen sowieso – aber auch bei den Produzenten von Werbemitteln jeglicher Art. Und die überschütten dann auch jeden Neuen am Markt prompt mit ihren vermeintlich überlebenswichtigen Angeboten. Sie rufen an, sie schicken unaufgefordert Infomaterial oder stehen gleich persönlich in der Tür. Als Kaufmann wissen Sie, dass man ein Angebot durchaus ablehnen darf. Also behalten Sie einen kühlen Kopf und lassen Sie sich nur dann auf ein Gespräch ein, wenn Sie wirklich sicher sind, dass ein bestimmtes Werbemittel Ihr Licht heller strahlen lässt.

Gegen die Schwellenangst

Ihr neues Reisebüro ist in Zentrumsnähe angesiedelt. Über der Eingangstür prangt ein Schild mit Ihrem Firmennamen. Das brauchen Sie tatsächlich. Ihr Geschäft hat ein Schaufenster, und das müssen Sie natürlich attraktiv dekorieren. Es wird zwar vermutlich niemand eine Reise nach Marokko bei Ihnen buchen, weil Sie im Fenster ein Stoffkamel vor einer glitzernden Folie „Wüstensand im Mondlicht" auftreten lassen. Aber vielleicht bekommt der eine oder andere Passant spontan Reiselust. Überwindet die Schwellenangst und betritt Ihr Geschäft ... Der Rest ist Ihre Sache, und das machen Sie dann schon.

Dekoration ist Werbung und als solche eine Frage des Preises. Lassen Sie sich bei Ihrer IHK beraten, fragen Sie nach, mit welchen Anbietern gute Erfahrungen gemacht wurden. Suchen Sie im Internet nach Sonderangeboten. Bei Suchmaschinen erzielen Sie mit dem Suchwort „Schaufensterdekoration" mehr als 200 Treffer. Größere Artikel wie beispielsweise Dekorationspuppen kann man auch mieten. In vielen Branchen ist es außerdem üblich, das von Herstellern kostenlos angebotene Werbematerial einzusetzen. Bei der Dekoration des Schaufensters Ihrer neu gegründeten Apotheke können Sie mit Sicherheit aus den vollen Lagern der Pharmaindustrie schöpfen. Besonders attraktiv für die Kundschaft aber ist ein Mix aus Standarddekoration und individueller Gestaltung.

Informativ und gut lesbar

Der Recherchedienst benötigt weder eine aus der Ferne lesbare *Leuchtreklame* noch (teure) Geschäftsräume im Erdgeschoss. Aber er braucht neben seriös wirkenden Visitenkarten auch eine Preisliste und Briefumschläge mit eingedrucktem Absender. Die muss der Schlüsseldienst im Einkaufszentrum nicht haben. Hier wären die Werbe-Euro besser in einem auffallenden Firmenschild investiert. Für alles aber gilt: Wenn Sie schon Geld ausgeben, dann sparen Sie bitte nicht am falschen Ende. Lassen Sie Fachleute ans Werk.

Werbung muss verständlich sein. Das gilt für alle Branchen. Eine *Angebotsbroschüre* sollte daher ein augenfreundliches Schriftbild haben und kurz und knapp verfasst sein. Heben Sie nur die wichtigsten Aspekte hervor, locken Sie mit besonderen Merkmalen, aber überfordern und verschrecken Sie die Interessenten nicht mit langen, komplizierten Texten und vielen Details. Überlegen Sie, welche Art Werbung Sie sich selber genauer anschauen und welche Sie direkt in den Papierkorb werfen.

Lohnt sich für Sie der *Eintrag in ein Branchenbuch?* Neben den ernstzunehmenden gibt es eine Menge unseriöse, die trotz geringer Auflage für jede Zeile ein Vermögen verlangen. Fragen Sie bei der IHK oder der Handwerkskammer nach, wem Sie vertrauen können. Ob ein Eintrag für Ihr Geschäft wirklich vernünftig ist, lässt sich nicht allgemein beantworten. Schauen Sie doch mal, wo Sie Ihre Mitbewerber entdecken. Fragen Sie sich aber auch, bei welcher Gelegenheit Sie selbst in ein solches Verzeichnis schauen. Wen oder was suchen Sie? Nur die Telefonnummer oder die genaue Adresse eines Ihnen bereits namentlich bekannten Orthopäden? Oder wollen Sie wissen, wo der nächste Sattler sitzt und ob es in Bahnhofsnähe einen Messerschleifer gibt? Wenn Sie antiquarische Bücher sammeln, werden Sie auf Ihrer Geschäftsreise nach München sicher gern das Branchenverzeichnis aufschlagen, doch die Pizzeria in der Nähe des Hotels empfiehlt Ihnen der Portier.

Im Internet gibt es zahlreiche Portale, bei denen man sich kostenlos eintragen lassen kann. Das ist sinnvoll, wenn Sie Kunden aus dem weiteren Umfeld gewinnen möchten, und macht den Eintrag ins Branchenverzeichnis überflüssig. Vor allem jüngere Menschen sind es gewohnt, alles Mögliche zuerst im Internet abzurufen.

Wollen Sie sich auf Messen messen?

Hand aufs Herz: Was hoffen Sie überhaupt mit einem Messeauftritt zu erreichen?

- Sie wollen auf Ihr Unternehmen aufmerksam machen.
- Sie wollen Ihre Produkte einführen.
- Sie wollen Kompetenz demonstrieren.
- Sie wollen Kunden und/oder Wiederverkäufer gewinnen.

Ein Messeauftritt ist ein Signal an Kunden und Konkurrenz. Er ist ein Mittel zur Selbstdarstellung und zumindest der Versuch, das Image eines Unternehmens auf Glanz zu polieren. Wenn Sie sich als Existenzgründer gleich auf eine Messe wagen, demonstrieren Sie Selbstbewusstsein und Stärke. Die Frage ist nur, ob Sie das tun können und sollten. Messebeteiligungen sind teuer. Es fallen Kosten an für Miete, Aufbau und

Ausstattung des Stands, für Energie, Transport und Versicherung der Waren, für Reisen und für das Personal.

Die Frage ist auch, ob Sie als Gründer überhaupt leisten können, was ein Messeauftritt jedem Teilnehmer abverlangt: ein enormes Arbeitspensum, eine straffe Organisation, ausreichendes Potential auch für die systematische Nachbereitung. Erfahrene Messeberater gehen von einer Vorbereitungszeit von mindestens sechs Monaten aus. Denken Sie daran: Der erste Eindruck entscheidet. Wenn Sie also mit einem unprofessionellen Start ins Rennen gehen, bekommen Sie bei vielen möglichen Kunden keine zweite Chance. Wir raten deshalb lieber zum Abwarten. Sie können ganz sicher sein: Auch nächstes Jahr findet wieder eine Messe statt!

Stärker in der Gruppe

Handels- und Handwerkskammern bieten kleinen Unternehmen immer wieder die Chance, gemeinsam mit anderen Messeerfahrungen zu sammeln. Auf wichtigen Veranstaltungen richten die Kammern Gemeinschaftsstände aus, mit denen den Ausstellern die Last der Logistik und der Organisation abgenommen wird. Die Vorteile eines Gruppenauftritts sind offensichtlich: Eine gemeinsam genutzte Infrastruktur – Telefon, Fax, Internet, Küche, Hostessen, Lager – senkt die Kosten und reduziert den administrativen Aufwand bei der Vorbereitung der Messe. Außerdem zieht der größere Gemeinschaftsstand mehr Aufmerksamkeit auf sich. In der Gruppe profitiert man von den Erfahrungen anderer – und das kann besonders für Jungunternehmer von Vorteil sein.

Was kostet die Messeteilnahme?

Faustregel: 15 bis 20 Prozent Ihres Budgets gehen an die Messegesellschaft für die Standmiete, 40 Prozent verschlingt der Standbau. Die Kostenarten im Einzelnen:

- Personalkosten: Alle Arbeitsstunden, die Sie und Ihr Team auf der Messe verbringen
- Reisekosten: Vor allem Hotelkosten, An- und Rückreisekosten, Leihwagen

- Standbaukosten: Die stellt der Messebauer in Rechnung: für die Elektro- und Wasserinstallation, die Projektierung und Auf- und Abbau.
- Standbetriebskosten: Das sind die Kosten, die für den technischen Betrieb des Standes anfallen, zum Beispiel Wasserkosten, Standreinigung, Telefon.
- Standmiete: Darunter versteht man die Mietkosten pro Quadratmeter Fläche, die Sie an die Messegesellschaft zu entrichten haben. In dem Preis sind auch Kosten für Strom enthalten.
- Transportkosten: Alle Kosten für Spedition und Kurierdienste
- Versicherungskosten
- Werbekosten: Anzeigen, Spots in Lokalsendern, Poster, Prospekte
- Messenachbereitung
- Auswertung der Messeberichte, Dankeschön-Briefe

Die Budget-Checkliste der KfW verschafft Ihnen einen Überblick über die zahlreichen anfallenden Positionen. Im Internet finden Sie sie im Gründerzentrum der KfW Mittelstandbank unter www.kfw-mittelstandsbank.de.

Ein geldwerter Tipp:

Erkundigen Sie sich, ob für Sie eine Förderung Ihrer Messebeteiligung in Frage kommt. Ansprechpartner sind die Wirtschaftsministerien der Länder und die Wirtschaftsförderungsgesellschaften oder Wirtschaftsämter in Ihrer Stadt. In Frage kommen auch KfW-Förderkredite. Lassen Sie sich vom Infocenter der KfW Mittelstandsbank beraten. Es steht Ihnen von Montag bis Freitag zwischen 7:30 und 18:30 Uhr unter der kostengünstigen Servicerufnummer 0180 1 241124 zur Verfügung. (3,9 Cent/Minute aus dem Festnetz der Deutschen Telekom, Preise aus Mobilfunknetzen können abweichen.)

Eine Messe ist immer eine gute Plattform, von der aus man den Markt erforschen und die Wettbewerbssituation analysieren kann. Aber auch als Besucher kann man sondieren, wie die Mitbewerber auftreten, welche Produkte sie vorstellen und welche Trends aufziehen. Reden Sie mit anderen Ausstellern, nutzen Sie Ihren Besuch, um Kontakte zu Abnehmern und zu interessanten Lieferanten zu knüpfen. Blicken Sie ruhig auch über den Tellerrand Ihres Kernangebots. Und nehmen Sie den Messebesuch zum Anlass, Ihre unternehmerischen Alleinstellungsmerkmale auf den Prüfstand zu stellen. Sind Ihre Angebote tatsächlich so attraktiv, wie Sie noch vor kurzem dachten? Oder hat die Konkurrenz aufgeholt? Und was bedeutet das für Sie?

Verkaufen mit Herz und Verstand

Wir alle kennen den Marktschreier in der Fußgängerzone, dem es gelingt, bei schönstem Wetter Regenschirme zu verkaufen. Sein Argument ist der Preis, seine Verkaufsmethode Ruppigkeit oder Charme: „Wenn es jetzt regnete, wäre der Schirm natürlich doppelt so teuer. Seien Sie klug, greifen Sie zu. Der nächste Regen kommt bestimmt!“ Das Produkt des Straßenhändlers ist nicht erklärungsbedürftig, der Mann hat eine laute, klare Stimme und Sinn für Humor. Er ist ein „Power Seller“.

Sie auch? Sind Sie eine Absatzkanone, jemand, der einem Eskimo den sprichwörtlichen Kühlschrank verkaufen kann? Oder sind Sie eher der unaufdringliche Beratertyp, der sich vom Kunden zum Verkauf bitten lässt?

Welche Rolle Sie spielen sollten, hängt von Ihrem Geschäft ab. Wie erklärungsbedürftig ist Ihr Produkt, und welchen Nutzen hat Ihr Kunde, wenn er jetzt zugreift? Unter einem Schirm bleibt man bei Regen trocken. Hat das, womit Sie Geld verdienen wollen, einen vergleichbar eindeutigen Vorzug? Dann nennen Sie ihn im Verkaufsgespräch, nicht laut, aber deutlich und wiederholt. Haben Sie eine formschöne, garantiert nicht tropfende Teekanne im Sortiment, die Sie dem Kunden, der eigentlich nur 125 Gramm Darjeeling haben wollte, schmackhaft machen können? Versuchen Sie es! Fragen ist erlaubt. Oder ist das vorzügliche britische Teegebäck gerade im Angebot? Na also! Überlegen Sie, welche Verkaufsargumente am besten zünden, und in welcher Reihenfolge sie am ehesten funktionieren. Machen Sie die Generalprobe vor privatem Publikum. Und vor einem großen Spiegel.

Stehen Sie zu Ihrem eigenen Stil

Auch wenn Ihr Ladenlokal für Golfartikel kein bisschen an einen „Billigen Jakob“ erinnert, haben Sie doch das gleiche Ziel: Sie wollen verkaufen. Ihre Preise liegen am oberen Rand, Ihre Kundenansprache ist zurückhaltend, doch um erfolgreich zu sein, stehen Sie vor der gleichen Herausforderung wie der Marktschreier neben dem Kaufhaus. Sie müssen Ihre Zielgruppe von sich oder von Ihrem Angebot einnehmen. Am besten natürlich von beiden.

Jeder kennt es aus alltäglicher eigener Erfahrung: Wenn man keine Alternative hat, dann kauft man auch bei dem stets griesgrämigen Bäcker, dessen Hefezopf man am liebsten noch im Laden nachwiegen würde. So wie der Mann auftritt, glaubt man nicht an seine Redlichkeit. Deshalb lässt man diesen Laden spornstreichs links liegen, sobald rechts eine andere Backstube aufmacht. Umgekehrt entscheiden wir uns schon mal spontan für die teure skandinavische Liege. Nicht nur, weil sie uns gefällt, sondern weil der Verkäufer von seinem Produkt überzeugt wirkt, weil er keinesfalls den Eindruck erweckt, dass er uns nur etwas aufschwatzen will und weil er uns nicht bedrängt. Mit so jemandem machen wir gern Geschäfte. Ihre Kunden auch!

So geht es nicht:

- Mangelhafte Vorbereitung auf das Verkaufsgespräch
- Nur vage Kenntnis der Fakten
- Langatmige Monologe, Floskeln, Belanglosigkeiten
- Rechthaberei
- Dem Kunden ins Wort fallen
- Ungeduldiges Drängen auf den Abschluss

Die wenigsten Menschen werden als perfekte Verkäufer geboren. Aber ein gewisses Verkaufstalent sollte man schon haben, wenn man sich in die Arena Markt begibt. Menschenscheue Verkäufer sind zum Scheitern verurteilt, und vorgespielte Freundlichkeit überzeugt nur die wenigsten Kunden. Wenn man nicht hinter seinem Produkt steht, kann man es auch nicht mit Herz und Verstand verkaufen. Umgekehrt aber schon!

Lassen Sie sich nicht allein von der eigenen Begeisterung hinweg tragen, sondern fragen Sie sich in regelmäßigen Abständen, ob Sie tatsächlich die Bedürfnisse und Erwartungen Ihrer Kunden erfüllen:

- Warum sollten Kunden bei Ihnen und nicht beim nächsten Bäcker kaufen?
- Bieten Sie Ihren Kunden etwas Besonderes?
- Wissen Ihre Kunden, dass Sie etwas Besonderes bieten?
- Welchen Zusatznutzen können Sie im kommenden Quartal anbieten?
- Wie können Sie nächstes Jahr überzeugen?
- Zeichnet sich ein Trend ab, auf den Sie sich einstellen müssen?

Mittel zum Zweck

Ihre Firma in Bonn stellt exklusive Haustüren aus Aluminium her. Liebend gern würden Sie auch in Süddeutschland verkaufen. Dafür müssten Sie einen festen Mitarbeiter für den Außendienst anstellen. Das aber können Sie im Moment noch nicht finanzieren. Die Lösung könnte ein *Agent* auf Provisionsbasis sein. Die Preise für solche Tätigkeiten sind Verhandlungssache – und nach Branchen und Aufwand verschieden. Die Obergrenze dürfte momentan bei etwa 25 bis 30 Prozent vom Umsatzvolumen liegen; zusätzlich wird oft eine Kostenpauschale gezahlt. Im Unterschied zum Außendienstmitarbeiter hat der Agent keine enge Bindung zum Unternehmen, und möglicherweise vertritt er eine ganze Reihe von Anbietern. Für ihn spricht, dass er bereits Kontakte zu Metallbauern, Tischlereien und Schlossereien in Süddeutschland hat – Ihnen also eine Menge Zeit und Mühen spart.

Alternativ könnten Sie auch einen *Absatzmittler* einschalten. Darunter versteht man einen Handelsvertreter oder eine Firma, die Ihre Produkte kaufen, um sie weiterzuverkaufen – mit anderen Worten: Zwischenhändler. Diese Lösung bietet sich vor allem für Produzenten großer Stückzahlen an, die den überregionalen Vertrieb nicht in Eigenregie bewerkstelligen können.

„Immer langsam mit den jungen Pferden“, bremsen Sie jetzt. „So weit bin ich noch gar nicht. Mir wäre ja schon geholfen, wenn ich jemanden für den Verwaltungskram hätte. Leisten könnte ich mir eine Bürokraft schon. Aber wie stell‘ ich das richtig an und die richtig ein?“ Antworten auf diese und weitere Personalfragen finden Sie im nächsten Kapitel.

Schulzes Tagebuch: „Mit Zitronen gehandelt“

Seit der Sache mit dem Finanzamt (und dem hochnotpeinlichen Anruf des Bankers) achtet Schulze höllisch auf seine Zahlungsfähigkeit. „Das passiert mir nie wieder“, hat er sich geschworen. Zwei Mal in der Woche loggt er sich online bei seiner Bank ein, überprüft den Stand des Geschäftskontos und rechnet aus, ob dessen Saldo die in den nächsten Tagen anstehenden Überweisungen und Abbuchungen hergibt. Erfreulicherweise sieht es momentan ganz danach aus. Und nur deshalb lässt sich Schulze zu einem Geschäft hinreißen, das – im Rückblick gesehen – eher die Bezeichnung „Zitronenhandel“ verdient hätte.

Vor zwei Wochen hat der Bauträger mit dem Verkauf der Reihen- und Doppelhäuser in Kirchstetten begonnen. „Besichtigung jederzeit“, wirbt ein meterhohes Schild vor den Rohbauten, im Musterhaus nebenan bietet ein Verkäufer „Finanzierungsberatung inklusive“. Von „Schulze Gas+Solar“ stammen die hellgrünen Plastiktüten mit der aufgedruckten zitronengelben Sonne, in denen die Kaufinteressenten nach der Führung das Exposé und die Baupläne davon schleppen. „Marketing ist alles“, hatte Schulze geglaubt und 3.500 Euro an den Werbemittelhersteller und noch mal das Gleiche an den Bauträger bezahlt. Dafür, dass dessen Verkäufer Schulzes Tüten nimmt und nicht die von Flanschke & Roor aus dem Nachbarort. Und wirklich blitzt Schulzes zitronengelbe Sonne kurze Zeit darauf überall in der Stadt auf. Nur bleibt wider Erwarten der Ansturm der Neu-Kirchstettener aus. Die kaufen ihre Heizung nicht bei Schulze Gas+Solar, sondern bei Flanschke & Roor. Schon Wochen vor der Plastiktütenaktion hatte die Konkurrenz dem Bauträger nämlich angeboten, das Musterhaus mit einer modernen Gasheizung samt kostengünstiger Solar-Brauchwassererwärmung auszustatten. „Wir bauen Ihnen die Anlage kostenlos ein, und Ihr Mann verkauft unsere Heizungen mit“, hatte Holger Flanschke vorgeschlagen. „Darauf hättest Du auch kommen können“, kommentiert Petra Schulze säuerlich. Und heftet demonstrativ die letzte Zitronentüte mit vier Reißzwecken an die Wand in Schulzes Kontor. „So dicke haben wir es denn doch nicht.“
(Fortsetzung nach Kapitel 5)

5 Verstärkung nötig? Mitarbeiter finden und zum Erfolg führen

- Die Formalitäten: Vom Einzelkämpfer zum Chef
- Vom Chef zum guten Chef
- Die Trennung vom Mitarbeiter

Seit Monaten arbeitet Silvia Kröger jeden Tag mehr als zehn Stunden in ihrem Atelier, sogar am Samstag. Seit der Betriebseröffnung vor etwas mehr als einem Jahr ist die gelernte Schneidermeisterin gefragt, die Damen im Ort lassen gern und oft bei ihr arbeiten. Allmählich aber wird es der Fachfrau für Textiles zu viel. Als sich dann noch die Gattin eines Stadtrates nach ihren Kenntnissen in der Herrenschneiderei erkundigt, weil ihr Mann Bedarf hätte, fasst Frau Kröger einen Entschluss: Fachkundige Verstärkung muss her. Allein kann sie die Arbeit nicht mehr bewältigen. Am Abend bespricht sie die Angelegenheit mit ihrem Mann. Der rät zur Vorsicht. „Bist Du ganz sicher, dass Deine Auftragslage so gut bleibt?“, fragt er skeptisch, „was ist, wenn Deine Kundinnen nächstes Jahr wegbleiben? Wenn in der Stadt ein, zwei schicke Boutiquen aufmachen? Eine Angestellte musst Du jeden Monat bezahlen, auch wenn Du wenig Arbeit für sie hast. Und dann die hohen Lohnnebenkosten ... lass Dir das lieber noch mal durch den Kopf gehen.“

Die Schneidermeisterin wägt ab. Für die Einstellung einer Mitarbeiterin spricht die Arbeitsentlastung, dagegen spricht die Kostenbelastung. Gibt es weitere Argumente? „Wenn ich mit Hilfe einer Mitarbeiterin solche Aufträge bekommen könnte, die man mir sonst nicht geben würde, dann würde sich die Sache schon eher rechnen“, fällt ihr ein. Wieso eigentlich Kollegin? Gemeinsam mit einem ausgebildeten Herrenschneider könnte sie Modisches für die ganze Familie anfertigen. Und wenn sie erst den Stadtrat als Kunden hätte und sich das herumspräche, hofft Silvia Kröger, dann würden die Personalkosten dank des zusätzlichen Umsatzes gewiss mehr als wettgemacht. Damit sind die Würfel gefallen: Das Atelier Kröger steuert auf Wachstumskurs.

Die Formalitäten: Vom Einzelkämpfer zum Chef

Mancher Selbständige werkelt gern allein vor sich hin. Gut, in Spitzenzeiten heißt es schon mal schuften bis zum Umfallen. Aber wenn die Auftragslage vorübergehend nicht so rosig ist, ist man heilfroh, sich keine festen Personalkosten „ans Bein gebunden" zu haben. Manchmal allerdings muss einfach Hilfe her. Grundsätzlich stehen Chef und Chefin dabei vier gesetzlich zulässige Wege offen:

- Sie können einen oder mehrere „freie" (= selbständig tätige) Mitarbeiter beschäftigen,
- Sie können einen Minijob anbieten,
- Sie können einen Vollzeit- oder Teilzeit-Mitarbeiter („Leiharbeiter/in" oder „Zeitarbeitnehmer/in") mit Hilfe einer Personalvermittlung oder eines Zeitarbeitsunternehmens befristet einstellen oder
- einen Arbeitnehmer in Vollzeit oder Teilzeit unbefristet einstellen, also eine „feste" Stelle einrichten.

Beschäftigung freier Mitarbeiter

Die Beschäftigung freier Mitarbeiter ist die rechtlich unverbindlichste Beziehung zwischen einem Arbeitgeber und einer Arbeitskraft. Wenn Ihr Vertrag nichts anderes aussagt, können Sie die Bindung jederzeit kappen. Deshalb sind die Honorare freier Mitarbeiter auch keine Personalkosten, sondern „Kosten aus Lieferungen und Leistungen". Auf das mit Ihnen vereinbarte Entgelt schlägt der Mitarbeiter Umsatzsteuer auf. Freie Mitarbeiter sind für das Abführen ihrer Steuern und für ihre soziale Absicherung selbst verantwortlich. Falls sie das nicht tun, haften Sie mit! Achten Sie ebenfalls darauf, dass Ihr freier Mitarbeiter außer Ihnen noch weitere Kunden hat und dass er seine Aufträge selbstbestimmt für Sie erledigt – er darf nicht als „Scheinselbständiger" für Sie tätig sein. Das könnte Sie nämlich in die unangenehme Lage bringen, im Nachhinein Sozialversicherungsbeiträge für ihn zahlen zu müssen.

Die Kosten Ihres freien Mitarbeiters können Sie weiterberechnen, wenn er für Ihren Kunden gearbeitet und sich dieser zur Übernahme des Aufwandes bereit erklärt hat. Die Rechnungen des Buchhalters hingegen, der als freier Mitarbeiter einmal monatlich zwei Stunden lang ihre Belege bucht, oder der Webdesignerin, die alle vier Wochen Ihre Homepage aktualisiert, sind allein Ihre Sache. Rechnen Sie diese Kosten anteilig in Ihre Angebotskalkulation ein.

Minijob

Neben den Minijobs in Privathaushalten gibt es drei weitere Arten:

- *Geringfügig entlohnte Minijobs:* Hierbei darf der monatliche Verdienst nicht mehr als 400 Euro betragen. Der Arbeitnehmer zahlt keine Sozialversicherungsbeiträge. Der Arbeitgeber zahlt Pauschalbeiträge zur Renten- und Krankenversicherung sowie eine einheitliche Pauschsteuer.
- *Kurzfristige Minijobs:* Die Beschäftigung ist in einem Kalenderjahr auf zwei Monate oder insgesamt 50 Arbeitstage befristet. Auch hier zahlt der Arbeitnehmer keine Sozialversicherungsbeiträge, auch hier übernimmt der Arbeitgeber die Steuer (pauschal 25 Prozent).
- *Minijobs in der Gleitzone zwischen 400,01 Euro und 800 Euro („Midijob"):* Je nach Höhe des Einkommens zahlt der Arbeitnehmer Lohnsteuer sowie einen reduzierten Sozialversicherungsbeitrag zwischen 11 und 21 Prozent des Arbeitsentgelts. Der Arbeitgeber zahlt immer einen Anteil von 21 Prozent am Bruttolohn.

Das Verfahren ist denkbar einfach: Sie melden den Arbeitnehmer bei der Minijob-Zentrale an (www.minijob-zentrale.de) und überweisen dorthin jeden Monat die fälligen Steuern und Sozialversicherungsabgaben. Die für die Anmeldung des Mitarbeiters erforderliche achtstellige Betriebsnummer können Sie bei der Bundesagentur für Arbeit beantragen (E-Mail an: betriebsnummernservice@arbeitsagentur.de). Nur bei Minijobs in der Gleitzone ist die jeweilige Krankenkasse des Arbeitnehmers als Einzugsstelle zuständig für die Meldungen zur Sozialversicherung und den Einzug der Sozialversicherungsbeiträge.

Leih- oder Zeitarbeit

Mehr als 8.100 Leih- oder Zeitarbeitsunternehmen, auch Personalagenturen genannt, sind derzeit in Deutschland registriert – viele davon übrigens Existenzgründer wie Sie. Knapp ein Drittel davon gehört zu einem der drei Branchenverbände

- Arbeitgeberverband Mittelständischer Personaldienstleister e.V. (AMP), www.amp-info.de,
- Bundesverband Zeitarbeit Personal-Dienstleistungen e.V. (BZA), www.bza.de und
- Interessenverband Deutscher Zeitarbeitsunternehmen e.V. (IGZ), www.ig-zeitarbeit.de.

Personaldienstleister vermitteln fachkundige Mitarbeiter für eine begrenzte Zeitdauer an Unternehmen, die (noch) nicht daran denken, jemanden fest, das heißt mit einem unbefristeten Arbeitsvertrag einzustellen. In gewisser Weise „mieten" Sie also die Arbeitskraft von einer Agentur. Die wiederum hat mit dem Mitarbeiter einen Arbeitsvertrag geschlossen, ist im juristischen Sinne also der Arbeitgeber, bezahlt den vereinbarten Lohn, führt die Sozialabgaben ab und gewährt dem Mitarbeiter den ihm zustehenden Urlaub.

Mit all dem haben Sie als Kunde nichts zu tun. Sie können dem Mitarbeiter zwar sagen, was er zu tun und zu lassen hat, weil das Zeitarbeitsunternehmen Ihnen die „Weisungsbefugnis" überträgt. Aber Sie zahlen nur den Lohn für die von Ihnen beanspruchte Arbeitszeit. Ihr großer Vorteil ist die Flexibilität: Je nach getroffener Vereinbarung können Sie den „Arbeitnehmer-Überlassungsvertrag" täglich, wöchentlich oder monatlich kündigen. Und wenn Sie mit einem Mitarbeiter nicht zufrieden sind, bitten Sie die Agentur um Ersatz.

Zeitarbeitsfirmen finden Sie in nahezu jeder Stadt, angefangen vom kleinen Unternehmen, das sich auf bestimmte Branchen und Betriebsfunktionen spezialisiert hat (zum Beispiel Metallberufe, Verwaltungsfachkräfte, gewerbliche Arbeitnehmer) bis hin zum überregional tätigen Dienstleister mit Tausenden Leiharbeitern. Darunter immer mehr Hochschulabsolventen, die sich von der Zeitarbeit den Einstieg ins Berufsleben versprechen, sowie Akademiker jeder Fachrichtung: Ingenieure, Betriebswirte, Mediziner, sogar Theologen.

Erkundigen Sie sich bei den Agenturen, ob ein/e Mitarbeiter/in mit der von Ihnen gewünschten Ausbildung und Berufserfahrung verfügbar ist. Je höhere und spezifischere fachliche Qualifikationen Sie benötigen, desto mehr und ausführlichere Briefinggespräche werden Sie mit den Personaldisponenten führen müssen. Werden Sie deshalb hellhörig, wenn man Ihnen schon nach einem zweiminütigen Telefonat angeblich „exzellente Kandidaten" in die Firma schicken will. Für eine ernsthafte Beurteilung, wer zu Ihnen passt, braucht man mehr Zeit.

Die Auswahl des Personaldienstleisters ...

... sollten Sie sich nicht zu leicht machen. Bei einem großen, bundesweit tätigen Anbieter haben Sie sicher bessere Chancen als bei einem kleinen, den passenden Mitarbeiter zu finden. Dafür werden Sie in der Regel von kleineren Dienstleistern individueller betreut als von Büros, die täglich einige Hundert Arbeitnehmer vermitteln. In jedem Fall sollten Sie Wert darauf legen, dass der Personaldienstleister einem der drei Branchenverbände angehört. Er hat sich damit gewissen Qualitätskriterien unterworfen und bezahlt seine Angestellten nach Tarif. Das ist wichtig für Sie als Kunde! Falls sich nämlich bei einer eventuellen Insolvenz der Agentur herausstellen sollte, dass die Ihnen überlassenen Mitarbeiter nicht korrekt bezahlt wurden, dann tragen Sie das Nachschussrisiko. Außerdem wirkt sich eine bessere Bezahlung in der Regel auf die Arbeitszufriedenheit des Zeitarbeitnehmers aus. Und davon profitieren Sie.

Wenn Sie mit einem Zeitarbeitnehmer besonders zufrieden sind, können Sie ihn oder sie nach Absprache mit dem Vermittler in ein festes Arbeitsverhältnis übernehmen. Bei besonders qualifizierten oder spezialisierten Arbeitskräften verlangen die Agenturen von Ihnen eine Abfindung in Höhe von ein bis zwei Monatsgehältern.

Unbefristetes Beschäftigungsverhältnis

Um einen neuen Arbeitsplatz zu schaffen, müssen Sie Folgendes tun:

- Eine/n geeignete/n Mitarbeiter/in suchen, finden und einen schriftlichen Arbeitsvertrag abschließen,
- den Arbeitnehmer bei der Krankenkasse anmelden und dorthin die Beiträge zur Arbeitslosen-, Kranken-, Pflege- und Rentenversicherung überweisen,
- die Lohnsteuer an das Finanzamt abführen und den vereinbarten Nettolohn an den Arbeitnehmer auszahlen,
- Ihr Unternehmen zur Unfallversicherung bei der Berufsgenossenschaft anmelden,
- dem Arbeitnehmer den gesetzlichen, tariflichen oder individuell vereinbarten Urlaub gewähren und auch die übrigen Pflichten eines Arbeitgebers erfüllen (Tipp: Kaufen Sie sich eine Taschenbuchausgabe des BGB oder einen Leitfaden „Arbeitsrecht für Arbeitgeber").

Personalbeschaffung

Dabei ist Ihnen die Arbeitsagentur an Ihrem Firmensitz kostenlos und gern behilflich (www.arbeitsagentur.de). Darüber hinaus können Sie Stellenanzeigen in Zeitungen und Zeitschriften sowie in den verschiedenen Jobbörsen im Internet schalten.

Sozialversicherung

Jeder Arbeitnehmer unterliegt der gesetzlichen Sozialversicherungspflicht und muss Beiträge an die Kranken-, Renten-, Arbeitslosen- und Pflegeversicherung leisten. Bei Arbeitsaufnahme muss Ihnen Ihr neuer Mitarbeiter eine Mitgliedsbescheinigung seiner Krankenkasse und den Sozialversicherungsausweis vorlegen. Mit diesen Daten und Ihrer von der Arbeitsagentur zugeteilten Betriebsnummer melden Sie ihn bei der Krankenkasse an. Dorthin überweisen Sie auch die monatlichen Beiträge zur Sozialversicherung. Deren Höhe liegt im Moment bei rund 42 Prozent vom Bruttolohn und wird normalerweise jeweils zur Hälfte vom Arbeitgeber und vom Arbeitnehmer getragen. Über Ausnahmen informiert Sie Ihr Steuerberater.

Meldungen online

Zur Anmeldung eines Arbeitnehmers bei der Sozialversicherung halten die gesetzlichen Krankenkassen einen Vordruck bereit. Außerdem bieten die Kassen ein kostenloses Computerprogramm an (www.sv.net). Hierüber können Sie alle Meldungen zur Sozialversicherung sowie Beitragsnachweise erstellen und verschlüsselt per E-Mail an die Krankenkasse übermitteln. (https://www.gkvnet-ag.de/svnet-online/scripts/Anmeldungmain.asp?param=0000)

Lohnsteuer

Die Lohnsteuer und der Solidaritätszuschlag, gegebenenfalls auch die Kirchensteuer, werden anhand einer Tabelle (www.steuerlinks.de) berechnet und dem Arbeitnehmer ebenso wie die Beiträge zur Sozialversicherung von dessen Bruttolohn abgezogen. Als Arbeitgeber sind Sie verpflichtet, die Lohnsteuer jeden Monat an das Finanzamt weiterzuleiten. Nehmen Sie diese Aufgabe bitterernst. Bei Lohnsteuervergehen oder -versäumnissen fackeln die Behörden nicht lange!

Berufsgenossenschaft

Für die gesetzliche Unfallversicherung (www.dguv.de) sind die Berufsgenossenschaften zuständig. Damit wird der Arbeitnehmer gegen Arbeits- und Wegeunfälle finanziell abgesichert. Die Beiträge dafür zahlen Sie als Arbeitgeber allein. Im Zuge Ihrer Gewerbeanmeldung wurde bereits die für Sie zuständige Berufsgenossenschaft informiert. Wenn Sie keine Mitteilung von dieser Stelle erhalten haben und erstmals Personal einstellen, sollten Sie nachfragen.

Auch Sie als Unternehmer können der Pflichtversicherung der gesetzlichen Unfallversicherung unterliegen. Dies hängt davon ab, welche Berufsgenossenschaft für Ihr Unternehmen zuständig ist. Welche das ist, erfahren Sie beim Hauptverband der gewerblichen Berufsgenossenschaften in Bonn (www.berufsgenossenschaften.de).

Lohnfortzahlung in Klein- und Mittelbetrieben

Die Lohnfortzahlungsversicherung ist eine Pflichtversicherung für Betriebe bis zu 30 Beschäftigten. Sie wird von den Krankenkassen angeboten, kostet einen bestimmten Prozentsatz vom Bruttolohn aller Angestellten und soll verhindern, dass der Unternehmer durch unvorhergesehene Fälle wie die Entgeltfortzahlung im Krankheitsfall oder die Zahlung von Zuschüssen zum Mutterschaftsgeld in Existenznot gerät.

Vom Chef zum guten Chef

Existenzgründer müssen an vieles denken: An die laufenden Aufträge, an die künftigen Aufträge, an die offenen Rechnungen, an zwingend notwendige Anschaffungen, an die Kunden, an das Finanzamt ...und die Mitarbeiter werden schon wissen, was sie und wie sie das tun sollen. „Ist doch alles im grünen Bereich", frohlockt der Gründer. Und dann knallt es eines Tages eben doch. „Weil der Mitarbeiter schlampig gearbeitet hat", behauptet der Kunde. „Weil der Chef mir nicht genau gesagt hat, was ich machen soll", empört sich der Mitarbeiter. Das kann stimmen. Vielleicht hat er aber einfach nur keine Lust gehabt, selber nachzudenken. Und der Chef rauft sich die Haare: „Ja, muss ich mich denn wirklich um alles selbst kümmern?" Antwort: Um die Mitarbeiterführung ganz bestimmt.

Auch dazu braucht es Handwerkszeug. Keine Software, kein Handbuch ersetzt das gekonnt geführte Gespräch. Was nutzt es zum Beispiel dem Unternehmer, schon mal von der „Relevanz offener Kommunikationsstränge" gehört zu haben, wenn er die unangenehme Aufgabe vor sich hat, einen Mitarbeiter entlassen zu müssen? Was bringen philosophische Studien zur idealen Unternehmenskultur, wenn (durchaus notwendige) Kritik in der Realität häufig im Stil einer persönlichen Attacke vorgetragen wird: „Müller, da haben Sie mal wieder Mist gebaut!"?

Führen heißt: Miteinander reden

Ein Chef muss seinen Angestellten sagen können, ob sie ihre Aufgabe gut erledigen oder nicht. Aber in einer Form, die es den Mitarbeitern ermöglicht, ihr Gesicht zu wahren. Für die meisten Führungskräfte gehört Feedback geben zu den schwierigsten Aufgaben. Kluge Chefs vermeiden nicht nur, den Gesprächspartner zu demoralisieren und ihm dadurch jede Motivation zu nehmen. Sie bauen in den Tadel auch eine positive Seite ein und eröffnen so die Möglichkeit zu einer Lösung. Aber Mitarbeiter Müller, der zwischen Tür und Angel aufschnappt, dass er „Mist gebaut" hat, ist sauer, beleidigt, frisst den Ärger in sich hinein, oder er wird wütend und aggressiv und lässt seinen Unmut an anderen aus.

Fordern Sie gute Leistung – aber (an)erkennen Sie die auch

Obwohl es eigentlich keine Kunst ist, besonders gute Leistungen hervorzuheben, wird mit Anerkennung oft geknausert. Viele Unternehmer gehen schlicht davon aus, dass es die Leute schon wissen, wenn sie ihre Sache gut machen. Probleme verschärfen sich noch, wenn sie lange Zeit unter den Tisch gekehrt werden. Wenn der strenge Anpfiff erst kurz vor der Abmahnung geäußert wird, fällt der Mitarbeiter womöglich aus allen Wolken und nimmt den Inhalt der Kritik gar nicht mehr richtig wahr. Zur Führungsfähigkeit gehört auch das Gespür für das richtige Timing. Ein guter Chef weiß, wann und wie er mit seinen Leuten sprechen muss.

Sagen Sie klar und deutlich, was Sie von Ihrem Mitarbeiter erwarten. Wählen Sie ein aussagekräftiges Beispiel, an dem die Problematik klar wird. Allgemeine Beschwerden haben keinen Sinn. Wenn Sie unverbindlich feststellen, dass im Lager das blanke Chaos herrscht, dann fühlt sich niemand zustandig. Seien Sie konkret, sonst wird nicht klar, was Sie eigentlich wollen. Holen Sie nicht zu weit aus. Was vor einem Jahr war, ist ein historischer Rückblick.

Fordern Sie den Mitarbeiter zunächst immer auf, selbst einen Vorschlag zur Lösung eines Problems zu liefern. Denn wenn Sie stets befehlen, wo es lang geht, wird Ihr Angestellter schon bald das selbständige Denken einstellen. Die Rückdelegation an den Chef ist ein sehr beliebtes Mittel, um Verantwortung abzulehnen. Deshalb: Wenn ein Mitarbeiter mit einem Problem zu Ihnen kommt und Sie um eine Lösung bittet, fragen Sie ihn zunächst: „Welche Ideen haben Sie?“ Ist die Antwort dann ratloses Schweigen, dann sagen Sie: „Bitte überlegen Sie sich etwas und kommen damit wieder zu mir.“ Rückt der Mitarbeiter dann tatsächlich mit einem Vorschlag heraus, genügt es häufig, wenn Sie sagen: „Prima. Machen Sie.“ Erst wenn überhaupt nichts kommt, sagen Sie, wo es lang geht.

Bleiben Sie beim Thema. Wenn Sie mit einem Mitarbeiter über Alkoholmissbrauch am Arbeitsplatz reden möchten, sollten Sie sich nicht über den hohen Krankenstand im Betrieb auslassen. Es ist auch pure Zeitverschwendung, den Mitarbeiter aufzufordern, endlich mit dem Trinken aufzuhören. Ihnen zuliebe wird er bestimmt nicht zum Abstinenzler. Verlangen Sie von ihm, eine Entziehungskur zu machen, weil Sie sonst das Beschäftigungsverhältnis beenden müssten.

Entwickeln Sie Fingerspitzengefühl für den Umgang mit Menschen. Gehen Sie nicht schnurstracks auf Konfrontationskurs, vermeiden Sie herabsetzende Bemerkungen, Spott und Ironie. Wer seine Mitarbeiter als dumm hinstellt (im schlimmsten Fall vor anderen), darf sich nicht wundern, wenn sie innerlich abschalten und jede Selbstverantwortung ablehnen. Denken Sie sich in Ihren Mitarbeiter hinein. Wie würden Sie reagieren?

Bleiben Sie unparteiisch. Wenn Sie in einem Konflikt zwischen zwei Mitarbeitern schlichten wollen, dann bitten Sie beide zum gemeinsamen Gespräch und lassen Sie zunächst jeden seine eigene Sichtweise schildern. Stoppen Sie aber sofort Zwischenrufe und Unterstellungen. „Das ist eine Unverschämtheit!“, „Herr Müller nimmt es mit der Wahrheit ja nie besonders genau!“ Und dann bitten Sie beide um Vorschläge zur Güte. Schweigen beide, dann vertagen Sie das Gespräch. So lange, bis die beiden „liefern“.

Akzeptieren Sie Widerspruch. Nicht den aus Prinzip, sondern sachlich begründete Argumente. Andernfalls könnte man Sie für unbelehrbar und diskussionsunfähig halten. Seien Sie offen, denn so bleiben Sie glaubwürdig.

Was Sie für die Mitarbeitermotivation tun können

Nach einer aktuellen Studie des Bundesarbeitsministeriums gehen zwischen 25 und 40 Prozent aller Mitarbeiter mehr oder weniger unmotiviert und unzufrieden ans Werk. Studien legen zwar nahe, dass jeder

Mensch selbst über seine Motivation entscheidet. Dennoch haben Sie als Unternehmer hierauf einen gewissen Einfluss. Zumindest können Sie die demotivierenden Faktoren im betrieblichen Umfeld verringern.

Beurteilen Sie die individuelle Leistung Ihrer Mitarbeiter. Schauen Sie genau hin, was und wie jeder Einzelne arbeitet, und verteilen Sie Ihre Anerkennung entsprechend gerecht. Loben Sie den Mitarbeiter, sofern eine Leistungssteigerung zu erkennen ist. Falls nicht, sagen Sie das auch und ziehen Sie geeignete Konsequenzen.

Erweisen Sie Ihren Mitarbeitern persönliche Wertschätzung. Fragen Sie, wie es ihm geht, ob er mit seiner Arbeit zufrieden ist, welche Verbesserungsvorschläge er sieht. Zeigen Sie ihm, dass er wichtig für den Erfolg des Unternehmens ist. Und fragen Sie ihn bei Entscheidungen, die ihn und seine Arbeit betreffen, nach seiner Meinung.

Fördern Sie den Teamgeist in Ihrem Unternehmen. Entwerfen Sie gemeinsam mit Ihrer Belegschaft Ziele – anspruchsvoll, aber erreichbar. Sorgen Sie dafür, dass Ihre Mitarbeiter einen Überblick über das ganze Unternehmen gewinnen: Wer sind Sie, was tun Sie, was streben Sie an?

Die Trennung vom Mitarbeiter

Manchmal muss es sein. Wenn Ihr Mitarbeiter dauerhaft nicht zur Wertsteigerung des Unternehmens beiträgt, dann trennen Sie sich von ihm. Kündigen Sie stets schriftlich und beachten Sie dabei die gesetzlichen, tarifvertraglichen oder vertraglichen Kündigungsfristen. Viele Vorschriften des Kündigungsschutzgesetzes gelten nicht für Kleinunternehmen mit bis zu zehn Beschäftigten.

Jeder Mitarbeiter hat bei Beendigung des Arbeitsverhältnisses einen Anspruch auf ein Zeugnis. Es muss der Wahrheit entsprechen, gleichzeitig aber wohlwollend formuliert sein. Wenn Sie unsicher sind, was Sie bei der Kündigung oder bei der Wortwahl im Zeugnis beachten müssen, ziehen Sie juristische Hilfe Ihrer IHK oder Handwerkskammer, Ihres Branchenverbandes oder eines Fachanwaltes für Arbeitsrecht heran.

Schulzes Tagebuch: „Krisenstimmung am Bau!"

Letztlich hat Schulze Gas+Solar dann doch noch drei Gasheizungen ins Neubaugebiet Kirchstetten verkauft. Bis Ende September müssen die Aufträge unter Dach und Fach sein. „Wenn wir den Lehrling im August als Gesellen einstellen, kriegen wir das hin", meint Schulze optimistisch. Aber erst mal kriegt die Bundeswehr den Lehrling. Und Schulze, wenn er kein Problem mit seinen Kunden kriegen will, schleunigst einen ausgebildeten Gasheizungsinstallateur.

Zwar bewerben sich zwei junge Männer auf die Zeitungsanzeige im örtlichen Stellenmarkt, aber der eine kann erst im Oktober beginnen, und mit dem anderen kann sich Schulze nicht über den Lohn einigen. Allmählich wird die Zeit knapp. Der Unternehmer befragt den Stammtisch. „Überbrück' den Engpass doch mit einen Leiharbeiter", rät ihm Rechtsanwalt Georg Engel, „da zahlst Du nur für die tatsächlich geleistete Arbeitszeit. Und wenn der Mann gut ist, kannst Du ihn später übernehmen." Am nächsten Vormittag telefoniert Schulze die Zeitarbeitsfirmen aus den Gelben Seiten ab. Von zwei Vermittlern hört er: „Ja, wir können Ihnen Anfang September einen Installateur schicken. Sie müssten aber vorher bei uns vorbeikommen, damit wir die vertraglichen Dinge regeln." Gesagt, getan. Schulze fährt hin, schaut sich die Lebensläufe beider Kandidaten an, entscheidet sich für den erfahreneren Jens Neumann, der Personalagent holt am Telefon dessen Zustimmung ein und bucht ihn fest für Schulze Gas+Solar im September und Oktober. Erleichtertes Aufatmen im Chefbüro: Die Krise scheint abgewendet.

Schon nach zwei Tagen weiß Schulze: Mit Neumann hat er einen guten Fang gemacht. Der Mann arbeitet fix und versteht sein Handwerk. Dafür hat Schulze jetzt Knatsch mit seinen fest angestellten Gesellen. Die kennen nämlich seit der ersten Mittagspause den Stundenlohn von Neumann – drei Euro weniger, als sie bekommen –, befürchten, dass auch sie demnächst gegen Zeitarbeitskräfte ausgetauscht werden könnten, und sind entsprechend sauer. Obwohl die Arbeit drängt, bleibt Schulze nichts anderes übrig, als sich mit seinem Team zusammenzusetzen und seine Beweggründe zu erklären. „Ihr wisst doch genau, dass wir die Arbeit allein nicht schaffen können", setzt der Chef an, „bis Ende des Monates müssen die drei Anlagen in Kirchstetten montiert sein und dann gehen wir sofort an den Großauftrag von Schneider & Söhne. Der muss im Oktober fertig sein. Versteht doch, Männer: Ohne den Jens kriegen wir den Schneider-Auftrag einfach nicht gebacken. Und auf Euch kann ich ebenso wenig verzichten. Seht den Jens nicht als Konkurrenz, sondern als Verstärkung, damit wir in den nächsten Wochen über die Runden kommen. Und wenn wir das hinter uns haben und die Auftragslage so gut bleibt wie bisher, suche ich in Ruhe einen festen dritten Mann." Erleichtertes Aufatmen in der Belegschaft. Schulze wirft einen Seitenblick auf Neumann. „Ich habe da schon eine Idee ..." *(Fortsetzung nach Kapitel 6)*

6 Unverhofft kommt oft
Wie Sie mit Patzern, Pech und Pannen umgehen

- Erstens kommt es anders, zweitens als man denkt
- Niemand ist perfekt
- Schreck, lass nach: Der Kunde ist pleite
- Sie haben den Steuertermin verschwitzt?
- Ihre Kosten laufen aus dem Ruder

Ein Unternehmen ist ein krisenanfälliger Organismus. Wenn erst einmal der Wurm drin steckt, dann besteht die große Gefahr, dass sich Fehlschläge und Schwierigkeiten häufen. Bis zuletzt das eintritt, was einst Bayern Münchens Stürmer „Die Kobra“ zu dem Spruch bewog, der seitdem in keiner Fußballer-Zitatesammlung fehlen darf: „Erst hatten wir kein Glück – und dann kam auch noch Pech dazu.“

Sie kennen den Unterschied zwischen guter Unternehmensführung und Flickschusterei? „Natürlich“, werden Sie sagen, „der Flickschuster überdeckt die Schwachstellen, um den Schein von Unversehrtheit zu wahren. Der gute Unternehmer dagegen repariert den Schaden, fragt aber auch nach den Ursachen und lernt daraus.“ Genau. Als Gründer stehen Sie im Prinzip vor denselben Herausforderungen wie ein seit vielen Jahren eingespielter Unternehmensleiter. Auch Sie könnten auf dem falschen Fuß erwischt werden. Nur hat der alte Hase dann bereits die Erfahrung gemacht, dass man an Problemen auch wachsen kann und wie man das am besten anstellt. Da Ihnen niemand eine Schonfrist gewährt, nur weil Sie neu am Markt sind, brauchen Sie in schwierigen Zeiten ein stützendes Korsett aus kurzfristig greifenden Instrumenten und langfristig wirksamen Rettungsmaßnahmen. Und das bekommen Sie hier!

Erstens kommt es anders, zweitens als man denkt

Der Stratege in Ihnen blickt voraus: Wenn alles rundum glänzend läuft, planen Sie bereits die nächsten Aktivitäten und Aktionen, um den weiteren Erfolg Ihrer Firma zu sichern. Genauso vernünftig gehen Sie auch in Krisenzeiten vor. Denn Probleme gehören zum Geschäftsalltag, kleinere Krisen sind normal, und Pannen passieren jedem einmal. Der erfahrene Unternehmer beruhigt beim Störfall als erstes seine Nerven und ruft sich eine alte chinesische Erkenntnis ins Gedächtnis. Diese nämlich: Auch der längste Marsch beginnt mit dem ersten Schritt.

Ruhig bleiben – und nachdenken

Von seinem Vater hat Olaf Mertens eines gelernt: Für den Fall, dass es mal nicht so glatt läuft, ist es schlau, stets einen Plan B in Reserve zu haben. Als der Rostocker vor zehn Monaten mit seinem Fahrradreparatur-Service an den Start ging, war er davon überzeugt, sich mit seiner einzigartigen Dienstleistung schnell einen Namen zu machen. Neu und erfolgversprechend schien die Idee, neben den üblichen Reparaturen in der Werkstatt auch einen mobilen Rettungsdienst für gestrandete Radler anzubieten. Für Mertens sind seither drei freie Mitarbeiter als Engel auf Velos im Einsatz, die kleinere Schäden am Rad gleich vor Ort beheben.

Anders als erwartet kommt der Unternehmer aber nur knapp über die Runden. Die Kunden bestellen den Fahrradservice zwar gern, wenn sie irgendwo im Gelände Probleme mit ihrem Drahtesel haben. Sie strömen anschließend aber keineswegs in den Laden, um ein neues Zweirad oder Zubehör zu erwerben. Die Mischkalkulation des Gründers scheint nicht zu funktionieren. Und da passiert auch noch das: Empörte Kunden rufen an und beschweren sich über die Qualität der Schläuche, die Mertens Engel in den letzten Tagen montiert haben. Die Gummiwaren leiden offenbar an Materialermüdung und zerbröseln über Nacht. Die Folge: Alle Kunden wollen neue Schläuche oder ihr Geld zurück, und zwar sofort.

Mertens bricht nicht in Panik aus, sondern macht sich einen Kaffee und denkt nach. Dass eine Entschuldigung fällig ist und er den Kunden kostenlosen Ersatz anbietet, versteht sich von selbst. Dazu ist er ja auch von Rechts wegen verpflichtet. Nett wäre es also, mit einem Satz neuer

Schläuche im Kofferraum bei den Kunden vorbeizufahren und den Schaden an Ort und Stelle in Ordnung zu bringen – klug hingegen, die Radler bei dieser Gelegenheit mit dem tollen Angebot im Laden bekannt zu machen. Also telefoniert Mertens die Beschwerdeliste ab, beteuert seinen Wiedergutmachungswillen und bittet die Kunden samt ihren Rädern in die Werkstatt. „Das dauert höchstens zehn Minuten, und während wir einen neuen Schlauch einziehen, sind Sie mein Gast." Tatsächlich: In den nächsten Tagen stehen geschnippelte Rohkost, Müslikekse und isotonische Getränke hinter der Ladentür bereit. „Bitte, bedienen Sie sich." In der Werkstatt nebenan arbeiten Mertens' Leute, im Laden arbeitet der Chef. Welch glücklicher Zufall: Soeben ist ein Schwung modischer Radlerbekleidung eingetroffen. Die bietet Mertens den Schlauch-Opfern zu einem Messe-Sonderpreis an. Als Entschädigung – und als Anlass, gesprächsweise mehr über die Wünsche der Kunden zu erfahren. Damit er sein Sortiment künftig noch besser darauf ausrichten kann. Ach ja: Einen Teil der Bewirtungskosten übernimmt der streng gerügte und darum recht kleinlaute Schlauchlieferant. Das hat der Unternehmer vorher mit ihm ausgemacht.

Das Beispiel soll Ihnen zeigen, dass keine Panne so schlimm sein kann, als dass man ihr nicht doch eine positive Seite abgewinnen könnte. Langfristig lernt man aus eigenen Fehlern. Kurzfristig lässt sich selbst daraus oft noch ein Gewinn ziehen.

Niemand ist perfekt

Ob Konzern oder Ein-Mann-Betrieb: Niemand kann es sich leisten, schlechte Qualität abzuliefern. Wenn es trotzdem vorkommt, ist die Rechtslage glasklar: Sie als der Vertragspartner des Kunden sind der Bösewicht. Dass Ihr Lieferant zu spät, die falsche oder eine fehlerhafte Ware geliefert hat, interessiert Ihren Geschäftspartner nicht. Sie haben den Schwarzen Peter. So sieht das jedenfalls der Kunde, und aus dieser Perspektive hat er Recht.

Deshalb interessiert es ihn auch nicht, wenn Sie das (aus Sicht Ihres Kunden: Ihr!) Versagen dem Lieferanten anlasten. Ihr Gegenüber denkt dann nur: „Typisch, immer ist ein anderer Schuld" und hält Sie nicht nur trotzdem für den Übeltäter, sondern auch noch für einen feigen Übeltäter. Der Hersteller hat schlechte Ware geliefert? Dann haben Sie ein Problem mit Ihrer Wareneingangskontrolle. Er hat rote Blusen geliefert, obwohl Sie blaue bestellt hatten? Die Lichtleiste funktioniert nicht? Und ist auch noch drei Wochen zu spät angekommen? Alles Ihre Schuld, da können Sie sagen, was Sie wollen. Verbuchen Sie die Panne deshalb unter „dumm gelaufen“ und reklamieren Sie beim Händler oder Hersteller. Aber dem Kunden gegenüber übernehmen Sie die Verantwortung: „Bitte entschuldigen Sie das Versehen. Es kommt bestimmt nicht noch mal vor.“

Gehen Sie mit Pannen offensiv um!

- Rufen Sie Ihren Kunden unverzüglich zurück, wenn dieser Sie zunächst nicht erreichen konnte.
- Geben Sie zu, dass der Fehler bei Ihnen liegt (wenn das stimmt).
- Bleiben Sie höflich, auch wenn der Kunde empört ist und laut wird.
- Versprechen Sie, den Schaden innerhalb kürzester Zeit kostenfrei zu beheben.
- Erklären Sie ihm auch, wie Sie den Schaden beheben werden.
- Vereinbaren Sie einen Termin und halten Sie sich daran.
- Betonen Sie, wie peinlich Ihnen diese Reklamation ist und dass Sie alles daran setzen werden, den Kunden zufrieden zu stellen.
- Und tun Sie das dann auch!

Einer Ihrer Mitarbeiter soll das Parkett eines Kunden ausbessern, das nach einem Wasserrohrbruch aufgequollen war. Er verlegt stark gemaserte Eiche rustikal statt Eiche klassisch und trägt zudem noch einen deutlich dunkleren Lack zur Versiegelung auf. Mit dem Ergebnis, dass der Boden im Flur jetzt unangenehm vom Rest der Wohnung absticht. Mit dieser „Leistung“ braucht sich Ihr Kunde nicht abzufinden. Sie müssen die Holzstäbchen wieder herausreißen und passenden Ersatz liefern. Möglichst rasch, diesmal perfekt, und mitsamt einem erstklassigen Parkettpflegemittel als Gruß Ihres Hauses.

Bewahren Sie das Vertrauen der Kunden

Ihr Kunde hat an Ihre Leistungsfähigkeit geglaubt, als er Ihr Produkt oder Ihre Dienstleistung bestellte. Wenn er nicht zufrieden ist und dafür einen guten Grund hat, dann sind Sie am Zug. Sie müssen den Schaden ausbügeln, sonst verlieren Sie das Vertrauen Ihres Kunden – und den Kunden gleich mit und alle anderen überdies, denen er von seinen schlechten Erfahrungen berichtet. Bestimmt haben Sie schon einmal gehört oder gelesen, dass nur einer von sieben zufriedenen Kunden anderen davon erzählt. Aber sechs von sieben breiten ihren Zorn im Bekanntenkreis aus!

Christian Braun handelt mit Antiquitäten. Der Markt ist schwierig, weil qualitativ hochwertiger und erschwinglicher Nachschub kaum noch zu bekommen ist. Die Ladenwerkstatt läuft trotzdem ganz ordentlich, denn Braun ist von Haus aus Schreiner. Sein zweites Standbein ist die individuelle Anfertigung hochwertiger Möbel. Die in Maßarbeit gezimmerten Stühle, Kommoden und Liegen verkaufen sich prima. Im letzten halben Jahr bekam Braun sogar so viele Aufträge, dass er eine Halbtagskraft einstellen musste. Und dieser Angestellte hat jetzt einen ganz dummen Fehler gemacht. Kunde Blechschmidt hatte einen Bettrahmen in massiver Kirsche bestellt. Der Mitarbeiter fuhr zu ihm hin und maß einen schon vorhandenen Lattenrost aus, der in dem neuen Bett Verwendung finden sollte. Es kam, wie es niemals hätte kommen dürfen: Der Rost passt nicht in den fertigen Rahmen.

Die erste Regel: Der Schreiner muss im Interesse des Kunden handeln. Seinen vertraglichen Verpflichtungen muss er in jedem Fall nachkommen – ob in Form einer Nachbesserung oder, mit Zustimmung des Kunden, durch Gewährung eines Preisnachlasses. Doch selbst mit den gesparten Euro wird sich Blechschmidt nicht zufrieden geben: Irgendwie muss der Bettrahmen passend gemacht werden. Vor allem aber, und das ist Regel Nummer zwei, muss Braun umgehend persönlich mit dem Kunden reden. Denn der könnte ja annehmen, dass sich Braun bei dieser Arbeit keine Mühe gegeben habe. Oder dass er einen anderen Auftrag – noch schlimmer: einen anderen Kunden! – für wichtiger gehalten hätte. Oder, geradezu katastrophal, dass Fehler wie dieser bei Braun an der Tagesordnung seien.

Bei einer berechtigten Reklamation kann der Kunde Nacherfüllung verlangen, das heißt nach Wahl des Auftragnehmers *Nachbesserung* oder *Neuherstellung*. Die Kosten dafür muss er selbst tragen. Aber der Kunde kann den Auftrag nicht einfach stornieren. Schreiner Braun muss zwar die Fehler beheben, aber er muss kein neues Bettgestell zimmern, wenn es ihm auf handwerklich saubere Art und Weise gelingt, den Lattenrost im Rahmen zu versenken.

Schreck, lass nach: Der Kunde ist pleite!

Für Robert Hansen scheint es der Durchbruch zu sein. Als der Auftrag des alteingesessenen Maschinenbauers Schmidt & Sohn eingeht, das 50-jährige Firmenjubiläum auszurichten, ist der Gründer von „All-in-One", dem just gegründeten Catering & Partyservice in der Stadt, hocherfreut. Das Auftragsvolumen ist beträchtlich, und mit viel Elan macht sich Hansen ans Werk. Keine Mühe scheut er, um den als anspruchsvoll bekannten Unternehmer zum künftigen Stammkunden zu machen. „Wer bei dem einmal einen Fuß drin hat", frohlockt Hansen, „der ist bald mit der ganzen Stadt im Geschäft."

Nun ist der Veranstaltungsmanager weder naiv noch nimmt er alles für bare Münze, was man sich im Ort erzählt. Doch dass der als grundsolide bekannte Schmidt mit seinem bisher tadellosen Ruf in akuten finanziellen Problemen steckte, war Hansen komplett entgangen. Weder die Lokalzeitung noch der Stammtisch hatten ein Wort über etwaige Zahlungsschwierigkeiten des Fabrikanten verlauten lassen. Erst als der Kunde kommentarlos das Zahlungsziel verstreichen lässt und auch auf die Mahnung nicht reagiert, beschleicht Hansen ein mulmiges Gefühl. Auf dem Spiel stehen immerhin rund 30.000 Euro, ein Viertel seines bisherigen Jahresumsatzes. Was ist, wenn die Rechnung nicht bezahlt wird?

Am Ball bleiben und offensiv nach vorne spielen

Wenn fest einkalkulierte Einnahmen ausbleiben und man unter Umständen sogar beträchtlich in Vorkasse gegangen ist wie Hansen, dann kann die Zahlungsunfähigkeit eines Kunden das eigene Geschäft mit in den Strudel reißen. Das einzig Tröstliche an Hansens Situation: Mit Sicherheit ist Schmidt kein Betrüger. Der Fabrikant muss unerwartet in Schieflage geraten sein, denn sonst hätte er das Jubiläum gewiss nicht in solch großem Stil gefeiert. Vermutlich kämpft der Maschinenbauer gerade selbst um das Überleben seines Unternehmens. Und deshalb sorgt er sich wahrscheinlich um seinen Ruf.

Das könnte der Hebel sein, mit dem Hansen doch noch zu seinem Geld kommt. Wenn er seinem Schuldner nämlich klipp und klar mitteilt, dass er auf keinen Fall bereit ist, die Rechnung abzuschreiben, sondern alle rechtlichen Möglichkeiten nutzen wird, dann lässt Schmidt vielleicht mit sich reden. Womöglich hat es der Unternehmer ja nur mal probieren wollen ... und beim unerfahrenen Neuling angesetzt in der Hoffnung, dass der nicht gleich mit dem Gesetzbuch droht. Diese Illusion sollte Hansen seinem Schuldner direkt nehmen – und nach der ersten erfolglosen Mahnung ankündigen, ein Inkasso-Unternehmen oder einen Anwalt einzuschalten. (Mehr dazu finden Sie übrigens in dem Buch „Zahlen, bitte! Von der Rechnung bis zur Mahnung", herausgegeben von der KfW Bankengruppe, Frankfurt 2007).

Um allem Ärger nicht noch ein Liquiditätsrisiko hinzuzufügen, täte Hansen gut daran, sich unverzüglich mit seiner Hausbank in Verbindung zu setzen und diese von dem unerwarteten Zahlungsverzug in solch beträchtlicher Höhe in Kenntnis zu setzen. Sicher, ein kurzfristiger Kredit kostet Geld. Aber wenigstens nicht gleich die mit viel Mühe aufgebaute Existenz!

Der KfW-Unternehmerkredit schützt auch vor Liquiditätsengpässen!

Der KfW-Unternehmerkredit steht Existenzgründern der gewerblichen Wirtschaft sowie Freiberuflern zur Verfügung. Er dient der langfristigen Finanzierung von Investitionen zu einem günstigen Zinssatz. Darüber hinaus kann der KfW-Unternehmerkredit aber auch zur Finanzierung von Betriebsmitteln und zum Ausgleich vorübergehender Liquiditätsengpässe eingesetzt werden. Die Bearbeitungszeit liegt bei etwa vier bis sechs Wochen. Stellen Sie den Kreditantrag daher rechtzeitig, nämlich schon bei den ersten Hinweisen auf einen eventuellen Liquiditätsengpass. Der Kreditvertrag wird zwischen Ihnen und Ihrer Bank geschlossen. Die Bank zahlt den KfW-Kredit an Sie aus und leitet auch Ihre Rückzahlungen an die KfW Mittelstandsbank weiter.

Weitere Informationen unter www.kfw-mittelstandsbank.de oder telefonisch im Infocenter unter der Rufnummer 0180 1 241124. (3,9 Cent/Minute aus dem Festnetz der Deutschen Telekom, Preise aus Mobilfunknetzen können abweichen.)

Der folgende Satz gehört ganz nach oben in Ihr Unternehmerhandbuch: Wenn Sie aufgrund einer ausstehenden Kundenzahlung in eine finanzielle Schieflage zu geraten drohen, sollten Sie unbedingt versuchen, mit dem säumigen Zahler im Gespräch zu bleiben. Ein wenig guter Willen von beiden Seiten reicht oft schon aus, um eine akzeptable

Lösung zu finden – eine neue Zahlungsfrist, eine sofortige Teilzahlung mit der (schriftlichen) Zusage, den Restbetrag zu einem bestimmten Termin zu leisten, Ratenzahlung mit einem Zinsaufschlag oder die Verrechnung mit Waren oder Dienstleistungen, die Sie vom Schuldner brauchen und beziehen können.

Bei Ihnen sollten die Alarmglocken läuten, wenn ...

- ... Ihnen ein Neukunde einen gewaltigen Auftrag erteilt. Mehr als ein Viertel Ihres Jahresumsatzes wäre gedeckt, aber Sie gerieten in starke Abhängigkeit von diesem einen Kunden. Nehmen Sie den Auftrag nur an, wenn der Kunde unterschreibt, dass er auch Teilleistungen abnimmt und innerhalb einer Woche nach Erfüllung bzw. Lieferung bezahlt.
- ... ein Geschäftsfreund klagt, dass er von diesem Kunden erst nach sechs Monaten Geld gesehen habe. Überlegen Sie, ob Sie sich solch einen Kunden leisten können und wollen. Falls ja, bestehen Sie wenigstens auf einer Abschlagszahlung. Und lassen Sie sich regelmäßig die Abnahmeprotokolle unterschreiben!
- ... der Kunde nicht aus der Region ist, trotzdem aber unbedingt mit Ihnen ins Geschäft kommen möchte. Fragen Sie ihn nach den Gründen und erkundigen Sie sich bei den Branchenkollegen vor Ort.
- ... Sie bei einem Auftrag mit hohen Materialkosten in Vorleistung gehen müssten. Lassen Sie sich Referenzen des Kunden nennen und fragen Sie dort nach. Vereinbaren Sie schriftlich Vorkasse oder zumindest sehr kurzfristige Abschlagszahlungen.

Als Unternehmer verfolgen Sie sicher regelmäßig die Nachrichten in Ihrer Region. Das ist gut, denn auf diese Weise erfahren Sie vielleicht gerade noch rechtzeitig, dass ein Kunde in wirtschaftliche Bedrängnis zu geraten droht – und können einen Auftrag ablehnen oder zu sicheren Konditionen abschließen. Studieren Sie deshalb regelmäßig die Rubrik Ihrer Lokalzeitung, in der über Ein- bzw. Austräge und Veränderungen im Handelsregister informiert wird.

Sie haben den Steuertermin verschwitzt?

Sie haben es versäumt, den fälligen Einkommensteuerabschlag oder die von Ihnen abzuführende Umsatzsteuer an das Finanzamt zu überweisen? Das passiert nicht nur frisch gebackenen Unternehmern, aber denen besonders oft. Wenn sich nämlich die Geschäftskasse allmählich füllt, freut das den neuen Chef oder die neue Chefin so sehr, dass sie eines übersehen: Ein nicht unerheblicher Teil des schönen Geldes ist auf ihrem Geschäftskonto nur „geparkt“ – in Wahrheit gehört er ins Steuersäckel. Denn beim Verkauf hat der Unternehmer ja Mehrwertsteuer in Rechnung gestellt, und die muss er monatlich oder am Ende des Quartals an das Finanzamt weiterleiten. Außerdem beansprucht der Fiskus nach Ablauf des Geschäftsjahres einen Teil des Gewinnes: Die Einkommensteuer ist fällig. Das vergisst man anfangs gerne und hält sich darum für „reicher“, als man in Wirklichkeit ist.

Bös‘ aus seinen Träumen erwacht ist deshalb schon mancher Steuerschussel angesichts des prompt nach Fristablauf eintreffenden Briefes vom Finanzamt. Zahlungsaufforderung! Veranlagung! Versäumniszuschlag! Die Beamten blättern nämlich nach, wie viel Umsatzsteuer im zurückliegenden Zeitraum abgeführt wurde. „Da nehmen wir doch mal an“, murmelt der Steuerinspektor, „dass die Geschäfte im letzten Vierteljahr genauso gut gelaufen sind. Da veranschlagen wir an abzuführender Umsatzsteuer Pi mal Daumen Euro ...“, und die will er dann vom Unternehmer haben. Plus einem Säumniszuschlag. Binnen acht Tagen!

Die leidigen Vorauszahlungen

Auch bei den Einkommenssteuervorauszahlungen sollten Sie penibel auf die Termine achten: Zahlen müssen Sie jedes Jahr am 10. Januar, 10. April, 10. Juli und 10. Oktober. Denn wenn ein Unternehmen einmal Gewinne erwirtschaftet hat, geht das Finanzamt davon aus, dass es das nun regelmäßig und mindestens in gleicher Höhe tun wird. Deshalb verlangt es in jedem Quartal, eben zu den oben genannten Terminen, eine Vorauszahlung auf den künftigen Jahresgewinn. Wenn Sie eine dieser Fristen versäumt haben und das merken, bevor Sie die „Veranlagung“ in Ihrer Post finden, dann bitten Sie Ihren Steuerberater, mit dem Sachbearbeiter beim Finanzamt zu sprechen. Er hat Routine in solchen Angelegenheiten. Zahlen müssen Sie natürlich trotzdem, aber vielleicht kommen Sie um den Säumniszuschlag herum. Sollten Sie gerade finanziell klamm sein, können Sie auch eine Stundung der Steuervorauszahlung beantragen. Das kostet aber eine Gebühr – und Zinsen. Ein Bankdarlehen kann günstiger sein.

Ihre Kosten laufen aus dem Ruder

Ihre momentanen Steuerschulden sind noch Ihr geringstes Problem? Ihr Betrieb arbeitet insgesamt nicht rentabel? Sie verlieren womöglich Monat für Monat bares Geld? Auch wenn Sie am liebsten den Kopf in den Sand stecken würden oder sich auf eine Südseeinsel wünschen, dürfen Sie jetzt nicht die Nerven verlieren. Sie müssen handeln. Starten Sie ein Sanierungsprogramm mit Sofortmaßnahmen, die Sie rasch aus der akuten Krise führen, und einer langfristigen Therapie, die Ihr Geschäft von Grund aus gesunden lässt.

Konrad Hefters Polsterwerkstatt droht in die roten Zahlen zu rutschen. Dem Handwerker laufen die Kosten davon. Der Hauswirt hat die Miete angehoben, ein Kunde ließ sich von Hefter 40 Stühle aufpolstern, ignoriert aber seit Wochen Rechnung und Mahnung, Hefters Lieferwagen erwartet neue Winterreifen, der Mitarbeiter seinen Lohn und die Krankenkasse Sozialabgaben. Außerdem ist eine bislang sehr günstige Bezugsquelle für Polsterstoffe versiegt. Stoffe, Nägel und Dekorationsknöpfe werden immer teurer. Falls der Polsterer nicht schnell aus diesem Liquiditätsengpass heraus kommt, steht sein Betrieb vor dem Aus. Er benötigt aber nicht nur schnelles Geld, sondern auch ein nachhaltiges Sanierungskonzept. Denn sonst kann er zwar jetzt die offenen Rechnungen bezahlen, steht aber spätestens in einem halben Jahr vor demselben Scherbenhaufen.

Wenn die Kosten in einem Betrieb explodieren, kann das drei Ursachen haben: Der Unternehmer gibt entweder zu viel Geld aus, er nimmt zu wenig ein oder, das ist der schlimmste Fall, es krankt an beiden. Auf jeden Fall muss zuerst eine Diagnose her. Warum herrscht Ebbe in der Kasse? Danach erst geht es an die Behandlung:

Programm 1: Bei hohen (oder steigenden) Betriebskosten und mindestens gleichbleibendem Umsatz:

- Schieben Sie alle nicht zwingend erforderlichen Anschaffungen nach hinten. Stornieren Sie nach Möglichkeit jüngst getätigte Bestellungen. Kaufen Sie nur noch das, was Sie für den Geschäftsfortgang brauchen.
- Prüfen Sie die laufenden Kosten auf Einsparpotentiale. Kündigen Sie unnötige Versicherungen, Abonnements, Mitgliedschaften. Suchen Sie einen billigeren Telefon- und Energieanbieter. Überlegen Sie, ob und wie Sie Ihre Personalkosten verringern können.
- Verkaufen Sie, was für Ihren Betrieb nicht unbedingt notwendig ist. Geben Sie zum Beispiel die neue Maschine, die Sie gerade erworben haben, ab und leasen Sie sie zurück.
- Starten Sie einen Sonderverkauf aus Ihren Beständen.
- Sichten Sie alle Forderungen. Mahnen Sie überfällige Zahlungen sofort an und lassen Sie größere Außenstände von einem Inkasso-Unternehmen eintreiben.
- Zahlen Sie, falls möglich, eine Bareinlage ein. Sprechen Sie diesbezüglich mit der Erbtante.
- Reduzieren Sie Ihre Privatentnahmen. Gestatten Sie sich nur so viel Einkommen, wie Sie brauchen, um gerade so über die Runden zu kommen (es ist ja nicht für immer).
- Stellen Sie eine Liquiditätsrechnung für die kommenden zwölf Monate auf. (Wie das geht, können Sie im Ratgeber „Controlling“ nachlesen, herausgegeben von der KfW Bankengruppe, Frankfurt 2006.) Tragen Sie auf einem Papier oder in eine Excel-Tabelle ein, wann welche Kosten übers Jahr anfallen werden. Der Januar ist zum Beispiel ein besonders teurer Monat, da zu Jahresbeginn viele Versicherungsbeiträge abgebucht werden. Auch Steuern, Kreditzinsen und Mitgliedsbeiträge werden nicht monatlich, sondern „auf einen Schlag“ fällig. Stellen Sie den Ausgaben Ihre voraussichtlichen Einnahmen gegenüber. Vielleicht können Sie noch nicht überblicken, welche Einnahmen Sie in acht Monaten haben, aber für die nächsten acht Wochen müssten Sie planen können.

Programm 2: Bei vernünftigen Betriebskosten, aber schlechtem (oder sinkendem) Umsatz:

- Sichten Sie Ihr Sortiment: Haben Sie das Richtige für Ihre Kundschaft im Angebot? Bieten Sie nicht nur Modisches, sondern auch Dauerbrenner? Kaufen Sie bei den richtigen Lieferanten ein? Ist bei den Konditionen noch ein wenig Spiel?
- Sind Ihre Preise wettbewerbsfähig? Wovon verkaufen Sie am meisten? Nehmen Sie Ladenhüter aus dem Programm.
- Ist Ihr Geschäft attraktiv für die Laufkundschaft? Können Sie sich mit geringem Aufwand besser darstellen?
- Starten Sie eine Verkaufsoffensive. Vereinbaren Sie Besuchstermine bei Ihren Stammkunden und gehen Sie auf neue Zielgruppen zu. Werben Sie mit einer befristeten Rabattaktion („Nur bis Weihnachten!"). Schalten Sie Anzeigen. Prüfen Sie, ob sich die Einschaltung eines Vertriebsagenten für Ihr Geschäft lohnt (siehe Kapitel 4).
- Versuchen Sie abzuschätzen, ob und wann der nächste finanzielle Engpass bevorsteht. Sie haben bessere Chancen, die Bank oder den Lieferanten zu einem Stillhalte-Abkommen zu bewegen, wenn Sie schon Wochen vorher darum verhandeln. Damit beweisen Sie Weitsicht.

Programm 3: Bei hohen Betriebskosten und schlechtem (oder sinkendem) Umsatz:

- Fahren Sie die Programme 1 und 2 gleichzeitig. Beginnen Sie damit noch heute.

Mit Sofortmaßnahmen Geld in die Kassen spülen

Eine fix gesetzte Kapitalspritze kann Ihren Betrieb für den Moment retten. Gleichzeitig brauchen Sie ein vernünftiges Konzept, mit dem Sie auf längere Sicht die Kosten senken können. Denn glauben Sie nur nicht, der Erfolg werde sich automatisch einstellen, wenn Sie nur die Umsätze steigern. Mehr Aufträge verheißen nur dann mehr Gewinn, wenn dafür keine zusätzlichen fixen Kosten anfallen und wenn Sie nicht mit dem Preis heruntergehen mussten, um den Zuschlag zu bekommen. Haben Sie den Preis nämlich erst einmal gesenkt, dann ist es schwer, ihn wieder anzuheben. Kalkulieren Sie daher immer einen vernünftigen

Gewinn. Und machen Sie sich niemals von einem einzigen Kunden abhängig, egal, wie viel Umsatz Sie ihm verdanken.

Und nach dem Befreiungsschlag? Alles wie gehabt?

Betrachten Sie Ihre Krise als dringenden Aufruf, etwas an und in Ihrem Geschäft zu verändern. Was das sein könnte, können nur Sie sagen: Sie sind der Unternehmer. Vielleicht müssen Sie Ihr Produkt(ions)programm umstellen. Vielleicht müssen Sie Ihren Vertrieb intensivieren. Vielleicht gehören Ihre Einkaufs- oder Preispolitik, Ihr Personalaufwand, Ihr Forderungsmanagement auf den Unternehmer-TÜV. Vielleicht müssen Sie auch Ihre Geschäftsidee noch einmal im neuen Licht prüfen und überdenken.

Machen Sie das erst einmal allein. Doch wenn Sie merken, dass Sie sich im Kreis drehen oder den Wald vor lauter Bäumen nicht erkennen, dann ziehen Sie lieber heute als morgen einen Berater hinzu. Ein kompetenter Ratgeber bringt das mit, was Ihnen als Jungunternehmer noch fehlt: Erfahrung. Mit der Firmengründung haben Sie Mut und guten Willen an den Tag gelegt. Aber erst in einer Krise können Sie beweisen, wie ernst es Ihnen mit Ihrem Unternehmen ist.

Ziehen Sie den Gründercoach zu Rate

Junge Unternehmen, die vor nicht mehr als fünf Jahren gegründet wurden oder aus einer Geschäftsübernahme entstanden sind, können sich von einem KfW-geprüften Unternehmensberater coachen und begleiten lassen. Das Gründercoaching wird durch einen Zuschuss aus Mitteln des Europäischen Sozialfonds gefördert. Das maximal förderfähige Tageshonorar (netto) beträgt 800 Euro. Insgesamt werden bis zu 6.000 Euro gefördert. Besonders gefördert werden Gründungen aus der Arbeitslosigkeit im ersten Jahr nach der Gründung mit einem Zuschuss von bis zu 90 Prozent. Weitere Informationen unter www.gruender-coaching-deutschland.de.

Guter Rat ist nicht teuer – am Runden Tisch der KfW Mittelstandsbank

Der Runde Tisch der KfW Mittelstandsbank unterstützt kleine und mittlere Unternehmen, die trotz guter Marktchancen in Schwierigkeiten geraten sind. Ausgewählte Berater – Experten aus Industrie- und Handelskammern (IHK), Handwerkskammern (HWK) sowie unabhängige Unternehmensberater – durchleuchten das Unternehmen auf Schwachstellen und erarbeiten Lösungsvorschläge. Dem Projektbetreuer stehen maximal zehn Arbeitstage (à acht Stunden) zur Verfügung.

Die erste Anlaufstelle für die Initiierung eines Runden Tisches sind die IHK oder HWK in Ihrer Nähe. Die Kammer prüft anhand der von Ihnen vorgelegten Unterlagen die Unternehmensperspektive und vermittelt den Berater. Die KfW Mittelstandsbank übernimmt die Kosten für den Einsatz des Beraters am Runden Tisch. Sie zahlen lediglich die gesetzliche Pauschale für die Fahrtkosten und ggf. die Mehrwertsteuer.

Mehr dazu finden Sie unter dem Stichwort „Beratungsangebot“ unter www.kfw-mittelstandsbank.de

Schulzes Tagebuch: „Schneider ist nicht flüssig!“

Hatte sich der Oktober noch mit einem strahlenden Spätherbsttag verabschiedet, so begann der November mit Regenschauern und stürmischen Windböen. Genau so fühlte sich Fred Schulze. Denn der große Schneider-Auftrag war zwar dank des Einsatzes von Jens Neumann in trockenen Tüchern. Aber Schneider war nicht flüssig! „Wir bitten um einen Zahlungsaufschub von sechs Monaten“, hatte der Kunde nassforsch formuliert. Und Schulze Gas+Solar war mit der Großheizungsanlage in Vorleistung gegangen: Der Hersteller erwartete den Kaufpreis in Höhe von 75.000 Euro binnen 14 Tagen auf seinem Konto. Und das Ding wieder zu demontieren und zurückzugeben, ging auch nicht, hatte Rechtsanwalt Engel erklärt. „Das habt Ihr fest installiert, also ist es ein Teil des Gebäudes geworden. Wenn Du das wieder ausbaust, machst Du Dich strafbar wegen Sachbeschädigung. Nein, Fred, bedaure, aber den Schneider kannst Du nur in Verzug setzen und verklagen. Oder die Rechnung an ein Inkassobüro verkaufen. Aber dabei verlierst Du mindestens zehn Prozent. Am besten rückst Du dem Schneider persönlich auf die Bude. Hör doch mal, wie er die Sache sieht."

Schneiders Sohn war tatsächlich sofort zu sprechen. „Es tut mir wirklich sehr Leid, Herr Schulze", beteuerte der Juniorchef des Messgeräteherstellers in dritter Generation, „aber wir sind ganz ohne Schuld in diese Bredouille geraten. Einer unserer größten Abnehmer aus der Ukraine ist insolvent. Bis wir unser Geld aus dem Ausland zurück haben, vergeht mindestens ein halbes Jahr, sagt unser Anwalt. Mit einer Zwischenfinanzierung seitens der Bank sieht es mau aus. Wenn Sie und die anderen Lieferanten nicht stillhalten, bis wir aus dem Schneider sind, dann können wir den Betrieb dichtmachen." Schulze dachte fieberhaft nach. Dann sagte er: „Wie sieht es mit einem Abschlag aus, damit wir unseren Geldgebern zeigen können, dass die Forderung nicht gänzlich verloren ist?" „Da sind allerhöchstens 15 Prozent drin", zuckte Schneider Junior die Achseln. „Wir stehen mit dem Rücken an der Wand. Aber diesen Betrag sollen Sie haben. Und wenn Sie mit dem Rest warten können, werden wir Ihnen das bestimmt nicht vergessen."

Auf rund 65.000 Euro musste Schulze also vorerst verzichten – dafür brauchte er die Bank. „Sie sehen ja, dass die Forderung akzeptiert ist und dass Zahlungswilligkeit besteht", appellierte Schulze an den Firmenkundenberater. „Bis auf die Hälfte kann ich das allein abfedern. Aber für den Rest brauche ich für sechs Monate, sicherheitshalber für ein Jahr, eine höhere Kreditlinie. Die Mehrkosten an Zinsen hole ich mir später von Schneider & Söhne zurück. Wenn Sie das nicht bewilligen, erleben wir hier am Ort den Dominoeffekt. Dann fallen kurzfristig eine ganze Menge solider Unternehmen aus. Und mit ihnen so mancher Arbeitsplatz."

Schulze hatte geschickt argumentiert. Die Bank zog mit. Und als der Unternehmer im nächsten Mai endlich sein Geld samt Zinsen bekam, strahlte die Sonne schon wieder sehr viel heller. *(Fortsetzung nach Kapitel 7)*

7 An schlechte Zeiten denken Risikoabsicherung und Vorsorge

- Ziehen Sie die Spendierhosen später an
- Betriebliche Versicherungen
- Altersvorsorge
- Rücklagen bilden

Kein Unternehmer ist vor Risiken gefeit. Die Konjunktur kann einbrechen, die Nachfrage abrupt zurückgehen, der Großkunde insolvent werden, die Lagerhalle infolge eines Blitzeinschlags abbrennen, er selbst oder wichtige Mitarbeiter können krankheitsbedingt für längere Zeit ausfallen, der dringend benötigte Auftrag wird anderweitig vergeben. Denkbar ist vieles, aber wie hoch das jeweilige Risiko für den Geschäftsfortgang ist, können nur der Chef oder die Chefin beurteilen.

Doch nicht alles, was unvorhersehbar ist, ist ein Risiko. Ein Geschäftsmann geht die Brienner Straße in München entlang, plötzlich bricht in großer Höhe ein Ziegelstein aus der Fassade eines Gebäudes, prallt auf den Kopf des Mannes und fügt ihm eine schwere Verletzung zu. Ist der Passant ein allzu hohes Risiko eingegangen? Nein, er hatte einfach Pech: Er war zur falschen Zeit am falschen Ort. Nur ein an Misserfolge gewöhnter Naturwissenschaftler wie Edward A. Murphy hatte gesagt: „Na klar, das musste ja passieren. Alles, was schiefgehen kann, das geht auch schief."

Als Unternehmer kann man sich gegen die meisten Risiken mit einem gut gefüllten Bankkonto, mit einem zweiten geschäftlichen Standbein oder mit einer Versicherung schützen. Aber kein anderer als er selbst kann den ungestümen Gründer vor übergroßer Waghalsigkeit und dem Verlust seiner Vorsicht bewahren. Hier muss der gesunde Menschenverstand einen Pakt mit dem kaufmännischen Sachverstand eingehen und die Risiken sorgsam abwägen. Die Kernfragen sind folgende:

- Wie groß ist die Wahrscheinlichkeit, dass aus einem bestimmten Handeln oder Unterlassen ein Schaden erwächst?
- Wem genau könnte dieser Schaden entstehen? Dem Unternehmen, dem Eigentümer, den Mitarbeitern, den Kunden, der Umwelt, der Gesellschaft?
- Wie hoch kann dieser Schaden sein, und welche Folgen schließen sich daran an?
- Kann man sich gegen diese Risiken absichern? Falls ja: Stehen die Kosten in einem vernünftigen Verhältnis zu dem dadurch abgewandten Schaden? Falls nein: Kann der Unternehmer mit der möglichen Gefahr leben oder muss er ab sofort einen weiten Bogen um die Brienner Straße machen?

Im Ernst: Sie sollten sich über Ihre subjektive Risikoneigung im Klaren sein. Dabei gibt es weder Richtig noch Falsch, allenfalls Grenzen nach oben und nach unten. Wer sich ohne Flugerfahrung an den Steuerknüppel einer Cessna wagt, ist schlichtweg verrückt. Wer aber aus Angst, dass ihm ein Ziegelstein auf den Kopf fallen könnte, keinen Fuß vor die Haustür setzt, hat ein übertrieben hohes Risikoempfinden. Alle anderen pendeln irgendwo zwischen tollkühn und extravorsichtig. Kluges Risikomanagement beginnt genau dort, wo Sie (!) stehen.

Selbsttest: Welcher Risikotyp sind Sie?
Geben Sie sich für jedes JA einen Punkt:

- Online-Banking lehnen Sie aus Angst vor Betrügereien ab.
- In Ihr Depot bei der Bank kommen ausschließlich festverzinsliche Anlagen.
- Anstatt einen Kredit aufzunehmen, verzichten Sie lieber auf die geplante Anschaffung.
- Vor einer Reise schließen Sie grundsätzlich eine Rücktrittsversicherung ab.
- Sie reisen nicht in Gegenden mit Erdbebenrisiken.

- Sie haben eine Sterbeversicherung und eine Ausbildungsversicherung für Ihre Kinder.
- Sie würden niemals ein Spielcasino betreten.
- Sie versichern auch einen zehn Jahre alten Wagen Vollkasko.
- Sie würden nie Cabrio fahren, da Sie den Überrollbügeln misstrauen
- Sportarten wie Bunjee-Springen, Freeclimbing und Einhandsegeln finden Sie unverantwortlich.
- Sie würden keine Immobilie im EU-Ausland erwerben.
- Sie legen Wert auf einen privaten Sicherheitsdienst in Ihrer Nachbarschaft.
- Sie lassen immer Licht in Ihrer Wohnung/Ihrem Haus brennen.
- Sie fragen grundsätzlich wenigstens zwei Rechtsanwälte um Rat.
- Sie lassen medizinische Untersuchungen möglichst von mindestens zwei Ärzten vornehmen.

Auflösung:

Weniger als drei Punkte: Sie lieben Risiken! Der damit verbundene Stress verleiht Ihnen Flügel. Je riskanter die Lage, desto kreativer gehen Sie ans Werk, und oft gelingt Ihnen Ihr Unterfangen ja auch. Aber wie lange noch? Vertrauen Sie Ihrem Glück lieber nicht zu sehr. Ein guter Unternehmer ist sich seiner Risiken stets bewusst. Und versteht es, damit richtig umzugehen.

Zwischen drei und neun Punkte: Sie schätzen Risiken realistisch ein – gänzlich ausweichen können Sie ihnen nicht, aber allzu viel davon ist ungesund. Als Unternehmer liegen Sie mit dieser Einstellung goldrichtig.

Zehn oder mehr Punkte: Was Sie für ein Risiko halten, macht den meisten Menschen wenig Kopfzerbrechen. Widerstehen Sie der Versuchung, alles dreifach abzusichern – doppelt reicht auch. Wenn Sie immer nur die hundertzehnprozentigen Chancen nutzen, zieht die mutigere Konkurrenz bald an Ihnen vorbei. Und nimmt womöglich Ihre Kunden mit.

Ziehen Sie die Spendierhosen später an

„Aber es läuft doch", schütteln Sie jetzt den Kopf, „das Startkapital ist noch nicht aufgebraucht, und die Kunden stehen Schlange. Warum sollte sich das ändern?" Gewiss, aus dem Vollen zu schöpfen macht immer Spaß. Und wenn man den Schritt in die Selbständigkeit endlich gewagt hat, wäre es doch nur angemessen, sich zur Belohnung ein nicht nur funktionales, sondern auch komfortables Arbeitsumfeld zu genehmigen. Schließlich wird man am neuen Einsatzplatz ab sofort viel (Lebens)-Zeit verbringen. Deshalb darf man sich auch ruhig etwas gönnen – wenn man es sich leisten kann. Leider sind den meisten Gründern finanzielle Grenzen gesetzt. Unser Rat: Gehen Sie am Anfang finanziell lieber auf Nummer sicher.

Erst planen, dann shoppen

Bevor Sie auf die große Shoppingtour gehen, schreiben Sie erst einmal eine Einkaufsliste. Fein sortiert nach Prioritäten: Was muss, das muss – alles andere kommt auf Wiedervorlage. Gehen Sie die Liste am besten mehrfach durch und denken Sie auch daran, was man heutzutage alles gebraucht, aber kaum abgenutzt erwerben kann. In der Tageszeitung finden Sie immer wieder Kleinanzeigen mit der Überschrift: „Wegen Insolvenz günstig abzugeben". Sie sollen das eines Tages nicht aufgeben müssen. Denken Sie an den bekannten Kaufmannsspruch: Der Gewinn liegt im Einkauf.

Wer braucht was? Drei Beispiele:

Holger Bastian hat vor kurzem einen *Versandhandel für Grußkarten* eröffnet. Unverzichtbar in seinem Büro sind PC, Monitor, Drucker, Fax, Telefon sowie ein Schreibtisch mit passendem Bürodrehstuhl, Schränke für die Akten und Lamellen oder Vorhänge für die Fenster. Der Tisch muss nicht aus Palisander sein, der Stuhl allerdings sollte ergonomischen Höchstanforderungen genügen, denn sonst verbringt Bastian bald mehr Zeit bei der Krankengymnastik als beim Geldverdienen. Was der Versandhändler nicht braucht, sind Designerlampen (die aus dem ganz normalen Fachhandel tun es auch), repräsentative Sessel für Besucher (es werden nämlich keine erwartet), edle Auslegeware oder einen Picasso an der Wand. Schließlich will er nicht dekorieren, sondern verkaufen. Wenn er klug einkauft, bleibt vielleicht noch Geld für die ersehnte Software übrig, mit der er die aktuell nachgefragten Kartenmotive in 3D-Optik produzieren kann. Und während er das Luxus-Notebook bei ehrlicher Betrachtung höchstens ein paar Tage im Jahr geschäftlich nutzen wird, bringen die neuen Karten direkt Geld in die Kasse.

Während der Versandhändler mit einem minimalistischen Ambiente sein Kostenbewusstsein unter Beweis stellt, muss die *selbständige Floristin* ihrem Verkaufsraum ein gefälliges Dekor verleihen. Die Kunden erwarten geschmackvoll arrangierte Pflanzen in attraktiven Gefäßen und nicht in Plastikeimern wie beim Discounter. Verkaufsargumente im Blumenladen sind: tadellose, frische Pflanzen, in hübschen Gefäßen zu Schau gestellt. Sicher nicht jeder, aber viele in Dekoration angelegte Euro fördern den Blumenabsatz. Zum Ausgleich könnte die Geschäftsfrau am Büromobiliar sparen. Denn das steht in einem kleinen Hinterzimmer und wird ohnehin nur wenige Stunden in der Woche genutzt.

Der neue *Extra-Imbiss* scheint eine Marktlücke zu füllen. Die fettreduzierten Bratwürste und die knackigen Salate liegen erfreulich im Trend. Dass der Inhaber seinen Imbissbetrieb nicht nach der 0/8/15-Methode einrichtet, passt ins Konzept. Er will sich ja bewusst abheben vom üblichen Pommes-mit-Mayo-Angebot. Doch übertreiben sollte auch er nicht. Extravagante Stehtische und Pfeffermühlen von Alessi locken die Kundschaft weniger als ansprechende Wandfarben und eine gute Beleuchtung. Vor allem aber muss der Imbiss mit einwandfreier Ware, Hygiene und freundlicher Bedienung überzeugen.

Der Traum auf vier Rädern

In den ersten Monaten sind Sie noch mit dem uralten Kombi Ihres Vaters herumgefahren. Doch Ihre Schnelldruckerei hat das erste halbe Jahr ganz gut überstanden – und jetzt möchten Sie sich einen Firmenwagen anschaffen. Ein Neuwagen ist Ihnen zu teuer. Bleiben also noch der kreditfinanzierte Gebrauchtwagen oder das geleaste Auto. Was sagt Ihr Herz, was sagt Ihr Hirn?

Vermutlich schlägt Ihr Herz für ein nagelneues Gefährt. Aber Ihr Kopf wird einwenden, dass der Kauf eines Autos auf lange Zeit eine Menge Kapital bindet. Wenn Sie dafür einen Bankkredit aufnehmen, zahlen Sie unter Umständen auch noch dann Raten ab, wenn Ihr Fahrzeug längst seinen Glanz verloren hat. Falls Sie den Wagen nicht unbedingt für Transport und Auslieferung benötigen, ist es überdies fraglich, ob die

Bank mitmacht. Erkundigen Sie sich auf jeden Fall bei mehreren Instituten nach den Konditionen und sprechen Sie auch mit Ihrem Steuerberater. Denn nicht nur von der Liquidität her gesehen, sondern auch steuerlich kann es für Sie günstiger sein, den Geschäftswagen zu leasen.

Ungeachtet dessen, wie Sie Ihr Auto finanzieren: Bleiben Sie zu Anfang lieber auf dem Teppich und heben Sie sich das Spitzenmodell für ein späteres Geschäftsjahr auf. Wir warnen aus gegebenem Anlass: Immer wieder kommt es vor, dass Existenzgründer nach einem überraschenden Geschäftseinbruch nicht wussten, womit sie das Benzin bezahlen sollten ...

Fördermittel im Angebot?

Zinsgünstiges Fremdkapital für Ihre Geschäfts- oder Büroausstattung und den benötigten Firmenwagen können Sie im Rahmen eines Förderkredits bei der KfW Mittelstandsbank beantragen. Genauere Informationen hierzu finden Sie unter www.kfw-mittelstandsbank.de, Stichwort „Kredite".

Betriebliche Versicherungen

Christian Schmidt hat es geschafft: Der Physiotherapeut hat sich selbständig gemacht. Nach dem ersten Quartal macht Schmidt Kassensturz und schaut noch einmal die Angebote der Versicherungsunternehmen durch, die sich bei ihm stapeln. Für sich persönlich hat er bereits eine *Berufsunfähigkeitsversicherung* und eine *Berufshaftpflicht* abgeschlossen. Das war eine gute Entscheidung, denn diese beiden Versicherungen sind für Unternehmer geradezu Pflicht.

Für die Versicherungsbranche ist die Sache mit dem Risiko eine reine Wahrscheinlichkeitsrechnung – und damit eine Frage der Mathematik. Deshalb sind Versicherungsverträge keine leichte Lektüre. Sie verwenden Begriffe, die dem Laien nebulös vorkommen oder deren Sinn sich ihm völlig verschließt. Außerdem neigen die Kontrakte zu ermüdender Ausführlichkeit, insbesondere dann, wenn es um den Ausschluss von Zahlungsleistungen geht. Der Spaßfaktor eines Versicherungskontraktes liegt also bei Null. Trotzdem kommt heute kein noch so kleiner Betrieb mehr ohne Versicherungsverträge aus.

Versicherungsschutz ist ein weites Feld, das die Anbieter gezielt und gut geschult beackern. Ihren Überzeugungskünsten ist man als Neu-Chef oder -Chefin ebenso ausgeliefert wie der Senior, dem der Versicherungsprofi eine Ausbildungsversicherung für den Enkel oder eine Sterbeversicherung verkaufen will. Einen Unterschied gibt es aber doch: Der alte Herr Hartung möchte seinem Enkel etwas Gutes tun oder seine Kinder finanziell entlasten. Hier geht es meist um Gefühle. Die haben Sie als Unternehmer zwar auch, aber gleichzeitig denken Sie an Ihre Kosten. Sie wollen deshalb nur solche Risiken mit einer Versicherung absichern, bei deren Eintritt Sie mit einem ganz erheblichen Schaden für Ihr Geschäft rechnen müssen. Kleinere Unbill des Lebensalltags bezahlen Sie nämlich aus Ihren Rücklagen (dazu kommen wir noch).

Nicht zu lange binden

Ob und wie gut ihr Geschäft tatsächlich laufen wird, können Existenzgründer in der ersten Zeit kaum absehen. Schließen Sie daher Versicherungsverträge höchstens über eine Laufzeit von zwölf Monaten ab, und lassen Sie sich eine Verlängerungsoption zusichern.

Risiken managen

Versicherungsnehmer sollten, sofern sie nicht extrem schwache Nerven haben, nur die Schäden absichern, die ihren Betrieb existentiell gefährden könnten. Was also braucht Physiotherapeut Schmidt wirklich zur Absicherung seiner Praxis? Die Gebäudeversicherung ist Sache des Hauseigentümers. Doch all das, was in der Praxis steht, hängt oder herumrollt, sollte Schmidt versichern.

- *Die Einbruchdiebstahlversicherung*

Ist in jedem Fall sinnvoll: Sie erstattet die Schäden, die bei einem Diebstahl oder Raub entstehen und kommt auch dafür auf, wenn Vandalen bei einem Einbruch die Praxis demolieren.

Schäden vermeiden

Erkundigen Sie sich bei der Polizei, wie Sie Einbrechern das Leben möglichst schwer machen können. Lassen Sie sich über einbruchhemmende Türen, Fenster, Rollläden, Beschläge etc. informieren.

- *Die Feuerversicherung*

ersetzt Schäden nach Brand, Blitzschlag und Explosion und ist ebenfalls unverzichtbar. Prüfen sollte Schmidt dagegen, ob er sich auch eigens gegen Betriebsunterbrechung durch Feuer versichern muss. Pessimisten schließen solche Versicherungen ab, Optimisten nicht.

- *Die Leitungswasserversicherung*

wiederum ist für jeden Betrieb ratsam. Sie ersetzt die Schäden, die durch aus Wasserleitungen oder Heizungsanlagen ausgetretenes Wasser entstehen. Und die können bei einem Rohrbruch am Wochenende beträchtlich sein.

- *Die Haftpflichtversicherung*

ist nicht nur für Physiotherapeuten unverzichtbar, sondern für jeden, in dessen Praxis-, Werkstatt- oder Geschäftsräumen regelmäßig Kunden verkehren oder der fremde Gegenstände bei sich aufbewahrt. Schnell hat sich jemand an einer Maschine gestoßen, den Arm gebrochen oder ist vor der Eingangstür ausgerutscht. Ein Brand bei einer Schneiderin kann kostbare Abendkleider vernichten, die dem Schreiner zur Aufarbeitung übergebene Antiquität kann durch einen Wasserschaden ruiniert werden. Fast noch wichtiger: Auch wenn der Unternehmer oder seine Mitarbeiter bei Arbeiten in den Räumen der Kunden Schäden anrichten, kommt die Haftpflichtversicherung für die Verpflichtungen des Dienstleisters auf. Vorausgesetzt, er hat seine Sorgfaltspflichten erfüllt.

Oft genug kommt es darüber leider zu Streitigkeiten. Deshalb ist an eine weitere Versicherung zu denken:

- *Die Rechtsschutzversicherung*

ist immer dann eine gute Sache, wenn man mit fremden Eigentum oder Kundendaten, -unterlagen und -Know-how zu tun hat, dessen Verschwinden oder unrechtmäßiges Kopieren zu einer mittleren Katastrophe und hohen Schadenersatzansprüchen führen würde. Die privat abgeschlossene Rechtsschutzversicherung tritt nicht für betriebliche Schäden ein. Ein Gespräch mit dem Agenten über ihre Ausweitung auf einen Betriebsrechtsschutz könnte sinnvoll sein. Verhandeln Sie!

- *Die Praxisausfallversicherung*

kommt auf für Gehälter, Miete und fortlaufende Betriebskosten, wenn Schmidt selbst bei Krankheit oder nach einem Unfall ausfällt. Was genau die Versicherung weiterhin und über welchen Zeitraum abdeckt, ist Verhandlungssache und eine Kostenfrage. Die Vollversion zahlt auch, wenn die Praxis aufgrund von Schäden durch Sturm, Hagel, Feuer, Leitungswasser, Einbruchdiebstahl oder Raub vorübergehend geschlossen werden muss – und ersetzt damit diverse Einzelversicherungen. Als kostenbewusster Existenzgründer prüft Schmidt aber sorgfältig Konditionen und Preise, denn die bequeme Paketlösung muss ja nicht unbedingt auch die kostengünstigste sein. Versicherungen verkaufen gern ein ganzes Bündel von Verträgen, die der Kunde einzeln nicht unbedingt abgeschlossen hätte.

Das Komplettpaket für Freiberufler

Wenn Einzelkämpfer Schmidt krankheitshalber ausfällt, bekommt er schnell ein finanzielles Problem. Das wissen auch die Versicherungsunternehmen und bieten Selbständigen wie ihm ein Rundum-Sorglos-Paket für alle Katastrophen:

Weitere Informationen

gibt es bei Berufsgenossenschaften und bei Verbraucherschutzorganisationen wie dem Bund der Versicherten e.V. (www.bundderversicherten.de). Existenzgründer können auch beim Deutschen Versicherungs-Schutzverband e.V. in Bonn einen Leitfaden anfordern: www.dvs-schutzverband.de. Er informiert über alle wichtigen Versicherungsprodukte.

Mut zur Lücke

Absichern sollten Sie vor allem existenzbedrohende Risiken. Geringfügige Schäden – wie den Verlust des Handys oder den Bruch des Monitors – können Sie selbst tragen. Die dafür eigens zugeschnittenen Versicherungsprodukte rechnen sich im Allgemeinen nicht.

- *Die Elektronikversicherung und die Datenträgerversicherung*

sind für Schmidts Praxis überflüssig. Wichtige Daten (Termine, Adressen, Buchhaltung) kopiert er jeden Abend auf eine externe Festplatte, die er mit nach Hause nimmt. Eine EDV-Anlage braucht er nicht, seine kleine Telefonanlage hat einen geringen Wiederbeschaffungswert, und das Virenschutzprogramm seines PCs aktualisiert er regelmäßig. Sie vertreiben Korkenzieher und Weinkühler über das Internet? Solange Sie die Daten selber sichern können, das auch regelmäßig tun und die gesicherten Daten an einem anderen Ort als die Originalversion aufbewahren, brauchen Sie in der Regel keinen speziellen Versicherungsschutz.

- *Die Produkthaftpflicht*

ist für Hersteller wichtig. Sie kommt für Schäden auf, die beim Gebrauch eines fehlerhaften Produktes entstehen. Aber Vorsicht: Haftbar sind Sie auch, wenn Sie den fehlerhaften Sektflaschenverschluss oder Korkenzieher nur vertreiben, mit dem sich Ihr Kunde dann verletzt.

Altersvorsorge

Ohne Ihre Laune trüben zu wollen: Selbständigkeit hat auch ihre Schattenseiten. Eine davon ist die Tatsache, dass Sie sich ab sofort allein um Ihre Alterssicherung kümmern müssen. Architekten, Rechtsanwälte und Künstler zahlen Beiträge in berufsständische Versorgungswerke, auch für Handwerker gibt es eine Pflichtversicherung. Da sich die eingezahlten Beiträge aber im Alter oft nur zu einer kargen Grundversorgung summieren, sollten auch diese Berufsgruppen über zusätzliche Investitionen in ihre Altersvorsorge nachdenken.

Wenn Sie vor dem Start Ihres Unternehmens angestellt waren und in die gesetzliche Rentenversicherung eingezahlt haben, dann haben Sie Ansprüche erworben. Die bleiben Ihnen auch als Selbständiger erhalten, sofern Sie mindestens 60 Monate Beiträge gezahlt haben. An das Geld kommen Sie aber erst, wenn Sie das 67. Lebensjahr vollendet haben. Bei der Deutschen Rentenversicherung erfahren Sie, mit welchen Zahlungen Sie nach heutigem Stand dann rechnen dürfen. Erkundigen Sie sich auch, ob Sie die während Ihrer Zeit als Angestellter erworbenen Ansprüche aus einer betrieblichen Altersvorsorge in die Selbständigkeit hinübernehmen können.

Der Staat hilft Ihnen

Klaus Zacher, stolzer Besitzer eines jungen Fliesenhandels, hat alles ganz genau prüfen lassen. Auf der Beratungsstelle hat man ihm den Betrag ausgerechnet, den er aus heutiger Sicht erwarten darf. Jetzt schwant Zacher: „Davon allein werde ich mit Sicherheit nicht leben können." Um die voraussichtliche Finanzlücke zu schließen, hat der Händler drei Möglichkeiten:

- Er kann weiterhin freiwillig in die gesetzliche Rentenversicherung einzahlen und/oder
- sich für die sogenannte Rürup-Rente entscheiden oder
- auf die staatliche Förderung komplett verzichten und nach eigenem Gusto zum Beispiel in einen Fonds einzahlen.

Eines sollte Zacher in keinem Fall machen: sich bei seinen Alterseinkünften auf einen möglichen Nachfolger verlassen. Natürlich ist es möglich, dass Zacher Junior einmal den Betrieb übernimmt, und dann dem Vater eine Rente zahlt. Vielleicht möchte der Nachwuchs aber lieber Elektriker, Sportlehrer oder Steuerberater werden. Dann könnte Zacher die Firma immer noch verkaufen. Möglich. Vielleicht findet sich ja tatsächlich ein Käufer. Aber wie viel der in 20 Jahren für den Betrieb zu zahlen bereit sein wird, ist heute völlig unkalkulierbar. An dieser Stelle ist eine Portion Pessimismus angeraten: Zur Absicherung des Lebensunterhalts im Alter wird der Betrag bestimmt nicht ausreichen.

Je früher, desto besser

Private Altersvorsorge wird immer wichtiger. Dass Sie für eine höhere Rente höhere Beiträge aufbringen müssen als für die Sparversion, leuchtet ein. Und wenn Sie für den Partner mit sorgen müssen, brauchen Sie im Alter mehr Einkommen als der Single. Auch das ist klar. Aber welches Vorsorgemodell Sie wählen sollten oder welche Kombination von Modellen, lässt sich nicht allgemein gültig beantworten. Hier spielen viele Faktoren eine Rolle: Ihre Besitzverhältnisse, Ihre Ansprüche an den Lebensstandard, Ihre familiäre Situation, steuerliche Aspekte, Ihre erworbenen Ansprüche an die gesetzliche und eventuell eine betriebliche Altersvorsorge, nicht zuletzt Ihre Möglichkeiten, aus dem jetzigen Geschäft heraus Rücklagen bilden zu können. Holen Sie sich jeden guten Rat, den Sie bekommen können: bei Ihrem Steuerberater, bei einem Rentenberater, bei Versicherern und Banken. Tun Sie das möglichst gleich zu Beginn Ihrer Selbständigkeit. Unter Druck des Tagesgeschäftes wird das Thema gerne auf die lange Bank geschoben und – zack! – sind Sie 65 Jahre alt und dann hat die Vorsorge das Nachsehen. Manche Branchenverbände haben für ihre Mitglieder besonders günstige Konditionen bei der Vertragsgestaltung ausgehandelt. Fragen kostet nichts.

Ein wichtiger Tipp:

Achten Sie darauf, dass Ihr privater Lebensversicherungsvertrag eine Beitragsbefreiung bei Berufsunfähigkeit enthält. Wenn Sie Ihren Beruf nicht mehr ausüben können, ist dann zumindest Ihre Altersvorsorge nicht gefährdet.

Das sollten Sie über die Rürup-Rente wissen

Die Einzahlungen in die Rürup-Rente lassen sich flexibel gestalten. So können Sie einen geringen monatlichen Fixbetrag vereinbaren, den endgültigen Beitrag pro Jahr aber durch Einmalzahlungen bis zur Höchstgrenze von 20.000 Euro aufstocken. Diese Möglichkeit ist für Gründer mit stark schwankenden Einnahmen ein großer Vorteil.

Eine Rürup-Rente können Sie weder kündigen noch verkaufen. Eine Beleihung zur Sicherung eines Kredits ist ebenfalls nicht möglich, außerdem ist die Basisrente weder übertragbar oder vererbbar. Sollte der Anleger sterben, können der Ehepartner oder die Kinder eine Rentenzahlung erhalten, aber nur wenn eine entsprechende vertragliche Vereinbarung getroffen wurde. Die Auszahlung des angesparten Kapitals erfolgt als monatliche Rente. Frühester Auszahlungsbeginn ist das 60. Lebensjahr. Stirbt der Versicherte davor, ist das eingezahlte Geld grundsätzlich verloren. Viele Versicherungsunternehmen bieten die Möglichkeit der flexiblen Einzahlung. Die Höhe der Beiträge kann der Versicherte dabei selbst gestalten, im Angebot sind Rentenversicherungen und fondsgebundene Rentenversicherungen. Im Rentenalter unterliegt die Rürup-Rente derselben Besteuerung wie die gesetzliche Rente (Quelle: www.bundderversicherten.de). Sollte es zur Arbeitslosigkeit kommen, muss nicht das angesparte Kapital ausgegeben werden, bevor Arbeitslosengeld II bezogen werden kann. Die Rürup-Rente ist Hartz IV-sicher.

Rücklagen bilden

Im Idealfall sorgt jeder für schlechtere Zeiten vor. Allerdings braucht man dazu regelmäßige Einkünfte. Jetzt, im ersten Jahr Ihrer Gründung, sehen Sie künftigen Gewinnen noch erwartungsvoll entgegen. Trotzdem sollten Sie schon damit beginnen, jeden Monat einen bestimmten Geldbetrag in eine Altersversorgung zu stecken oder wenigstens auf ein separates Konto zu überweisen. Dazu brauchen Sie nur ein wenig Selbstdisziplin oder einen Dauerauftrag an Ihre Bank. Überlisten Sie sich und tun Sie so, als ob die von Ihnen monatlich zurückgelegten 200, 500 oder 750 Euro betriebliche Kosten wären. Kalkulieren Sie diese Summe anteilig in die Angebote an Ihre Kunden ein und „vergessen" Sie Ihren Notgroschen anschließend sofort wieder. Gehen Sie nur im äußersten Notfall an Ihr Rücklagenkonto! Wenn Sie heute damit ein Finanzloch stopfen, dann fehlt Ihnen das Geld im Alter. Und wer stopft das Loch dann?

Die meisten Gründer werden sich anfangs darauf konzentrieren, über die Runden zu kommen und Geld für notwendige Anschaffungen beiseite zu legen. Für die Ausnahmen, also für diejenigen, die schon zu versteuernde Gewinne erzielen, kommt hier ein Tipp: Befragen Sie Ihren Steuerberater zum Thema Ansparabschreibung. Seit Anfang 2008 gelten für Gründer zwar nicht mehr die alten Supersonderkonditionen, aber das Modell bleibt interessant. Wenn Sie absehen können, dass Sie innerhalb der nächsten drei Jahre zum Beispiel nicht umhin kommen werden, kräftig in Ihre Technik zu investieren, dann sind Rücklagen in diesem Zusammenhang sicher sinnvoll.

Schulzes Tagebuch: „Und wie stellen Sie sich Ihre Zukunft vor?"

Heute Abend wird bei Schulze Gas+Solar groß gefeiert. Der Anlass: Genau vor einem Jahr hat Installateurmeister Fred Schulze den Betrieb von Wärme-Meier auf seinen Namen umschreiben lassen. Das lässt sich der stolze Unternehmer etwas kosten. Zur Party eingeladen sind die Mitarbeiter und deren Frauen, Steuerberater Scheitel samt Lebensgefährtin sowie Schulzes Freunde vom donnerstäglichen Stammtisch. Natürlich hat Schulze auch an den ehemaligen Inhaber Paul Meier gedacht und ihm per E-Mail eine Einladung auf die Kanaren geschickt. Und der frühere Chef hat sogar zugesagt!

Eigentlich käme er ja nur noch selten zu Besuch nach Deutschland. Aber er müsse sowieso mit Gottlieb Scheitel reden: „Den treffe ich ja dann bei Ihnen."

Als Petra Schulze kurz nach Mitternacht das Geschirr wegräumt, rätselt sie noch immer, warum sich Meier und Scheitel mehr als eine Stunde lang ins Chefbüro zurückgezogen haben. „Es gibt wohl ein Problem mit der Altersversorgung von Meier", vermutet Schulze, „er hat in diese Richtung ein paar Andeutungen gemacht." Petra hebt den Kopf. „Das ist für uns auch ein Thema", mahnt sie, „jetzt, wo der Betrieb so gut läuft, könntest Du etwas für die Zukunft tun." Schulze nimmt sich vor, in den nächsten Tagen gründlich über Altersversorgung und den Schutz vor betrieblichen Risiken nachzudenken.

Als hätte er es geahnt, ruft kurz darauf Schulzes Versicherungsagent an. „Wollte zum Jahrestag Ihrer Existenzgründung gratulieren", sagt der artig, „und mich erkundigen, ob Sie mit Ihrer Frau über meinen Vorschlag für eine private Rentenversicherung gesprochen haben. Dafür wird es langsam Zeit, Herr Schulze. Je länger Sie damit warten, desto weniger Kapital können Sie fürs Alter ansparen. Wenn Sie es geschickt anstellen, bilden Sie damit gleichzeitig eine Rücklage für den Betrieb. Damit Sie nicht vom nächsten Konjunktureinbruch nass erwischt werden. Aber was rede ich: Fürs Feuchte sind Sie ja der Fachmann."

Seit der Nummer mit den Zitronentüten, die ihm heute noch sauer aufstößt, lässt sich Fred Schulze von Fachleuten beraten, bevor er einen Vertrag unterschreibt. Bankberater Kohler schlägt ihm einen langlaufenden Banksparplan vor, der Versicherungsmann plädiert entschieden für eine Versicherung, und Anwalt Georg Engel, ein begeisterter Börsenzocker, rät ihm eindringlich zu Aktien. Zur Klärung der Sach- und Interessenlage informiert sich Schulze erst mal bei Gottlieb Scheitel über die steuerliche Seite einer privaten Altersvorsorge. Und erfährt: „Die Beiträge können Sie steuermindernd geltend machen. Allerdings nur bis zu einer gewissen Höhe. Was Sie darüber hinaus tun wollen, ist Ihre Privatsache. Aber fangen wir doch mit dem Grundsätzlichen an: Wie malen Sie sich Ihre Zukunft aus? Können Sie sich ein Leben ohne Arbeit gar nicht vorstellen? Oder streben Sie schon in 15 Jahren ans sonnige Mittelmeer wie Paul Meier? Wie alt sind Ihre Kinder eigentlich? Wäre es nicht schön, wenn die im eigenen Haus aufwachsen könnten? Ihre Eigentumswohnung haben Sie ja verkauft." Scheitel klopft auf die Platte des Schreibtisches. „Und haben Sie schon mal überlegt, was mit Ihrer Familie und was mit dem Betrieb passiert, falls Sie krankheitshalber Ihren Beruf aufgeben müssen? Wer tilgt dann die Schulden, die Sie für die Firmenübernahme machen mussten?"

Nach zwei Stunden ist Fred Schulze vieles klarer geworden. Vor allem, dass er diese schwierige Entscheidung nicht allein treffen kann und will. Dass er ab dem nächsten Quartal monatlich mehr Geld auf die Seite legen wird, steht für ihn jetzt schon fest. Aber wofür und wie, darüber will er in aller Ruhe mit Petra sprechen. *(Ende)*

Register

Die Autorin

Christine Demmer ist Wirtschaftsjournalistin, Buchautorin, Managementberaterin und Coach in Wiesbaden.

Der Herausgeber

Die KfW Bankengruppe

Die KfW Bankengruppe gibt weltweit Impulse für Wirtschaft, Gesellschaft und Ökologie. Als Banker arbeiten wir jeden Tag effizient. Als Förderer stehen wir für den Sinn und die Nachhaltigkeit unseres Tuns. Dabei fließt der Verdienst unserer Arbeit zurück in die Förderung und die langfristige Sicherung unseres Förderpotenzials. Als einfallsreiche Bank fördern wir nicht nur Innovationen, sondern entwickeln selbst verstärkt neue Finanzierungsinstrumente für unsere Kunden und Partner. Unsere Kompetenz und Erfahrung bündeln wir in fünf starken Marken.

Die KfW Mittelstandsbank: Der Name ist Programm. So konzentrieren wir hier alle unsere Förderaktivitäten für Gründer und mittelständische Unternehmen. Zum einen sind das die klassischen, langfristigen Kredite, zum anderen sind es innovative Programme, deren Ziel es ist, die Eigenkapitalbasis der Unternehmen zu stärken. Beides offerieren wir unseren Kunden über deren Hausbanken. Zielorientierte Beratung gehört selbstverständlich zum Geschäft.

Die KfW Förderbank: Sie ist die richtige Adresse für alle Maßnahmen der Produktbereiche Bauen, Infrastruktur, Bildung, Soziales und Umwelt. Durch zinsgünstige Kredite fördern wir den Wunsch vieler Bürger nach privatem Wohneigentum genauso wie den Willen zu umweltbewussten Modernisierungsmaßnahmen. Als KfW Förderbank unterstützen wir ebenfalls Unternehmen, die in Umwelt- und Klimaschutz investieren, kommunale Infrastrukturmaßnahmen sowie Aus- und Weiterbildung.

Die KfW IPEX-Bank: Die KfW IPEX-Bank GmbH ist eine 100-prozentige Tochtergesellschaft der KfW Bankengruppe und für Projekt- und Unternehmensfinanzierungen im In- und Ausland sowie für Handels- und

Exportfinanzierungen zuständig. Sie agiert kunden- und wettbewerbsorientiert zu marktüblichen Bedingungen und trägt maßgeblich zum öffentlichen Auftrag der KfW Bankengruppe bei. International tätigen Unternehmen steht sie als langfristiger, verlässlicher Partner mit passgenauen Finanzierungen zur Seite. Der Erfolg der KfW IPEX-Bank beruht vor allem auf den langjährigen, weltweiten Erfahrungen in den wichtigsten Märkten und Industriesektoren.

Die KfW Entwicklungsbank: Im Auftrag der Bundesregierung finanziert sie Investitionen und Beratungsleistungen in Entwicklungsländern. Dabei arbeitet sie in der Regel mit staatlichen Institutionen in den entsprechenden Ländern zusammen. Ihr Ziel ist der Auf- und Ausbau einer sozialen und wirtschaftlichen Infrastruktur, die Schaffung leistungsfähiger Finanzinstitutionen, aber auch die Sicherung von Ressourcen und einer gesunden Umwelt.

Die DEG: Als Partner der Privatwirtschaft unterstützt sie Unternehmen, die in Entwicklungs- und Reformländern investieren wollen. Gefördert werden rentable, umweltverträgliche und entwicklungswirksame Projekte in allen Wirtschaftssektoren. So schafft sie die Grundlage für nachhaltiges Wirtschaftswachstum – und eine Verbesserung der Lebensqualität für die Menschen vor Ort.

Die KfW Bankengruppe hat sich darüber hinaus zum strategischen Partner von Wirtschaft und Politik entwickelt. Als Berater des Bundes liefern wir das Know-how bei der Privatisierung von Bundesunternehmen. In seinem Auftrag führen wir auch die Bundesanstalt für vereinigungsbedingte Sonderaufgaben (BvS) und die Entschädigungseinrichtung der Wertpapierhandelsunternehmen.